LE
SYSTÈME MÉTRIQUE

SUIVI

DE LA MESURE DES SURFACES

ET DES VOLUMES

Ouvrage à l'usage des écoles primaires

PAR GARRIGUES

Vérificateur des poids et mesures
l'un des auteurs des *Simples lectures sur les sciences, les arts et l'industrie*

PARIS
LIBRAIRIE DE L. HACHETTE ET Cie
BOULEVARD SAINT-GERMAIN, N° 77

1867

LE

SYSTÈME MÉTRIQUE

IMPRIMERIE GÉNÉRALE DE CH. LAHURE

Rue de Fleurus, 9, à Paris

LE
SYSTÈME MÉTRIQUE

SUIVI

DE LA MESURE DES SURFACES

ET DES VOLUMES

Ouvrage à l'usage des écoles primaires

PAR GARRIGUES

vérificateur des poids et mesures

l'un des auteurs des *Simples lectures sur les sciences, les arts et l'industrie*

PARIS

LIBRAIRIE DE L. HACHETTE ET Cie

BOULEVARD SAINT-GERMAIN, N° 77

—

1867

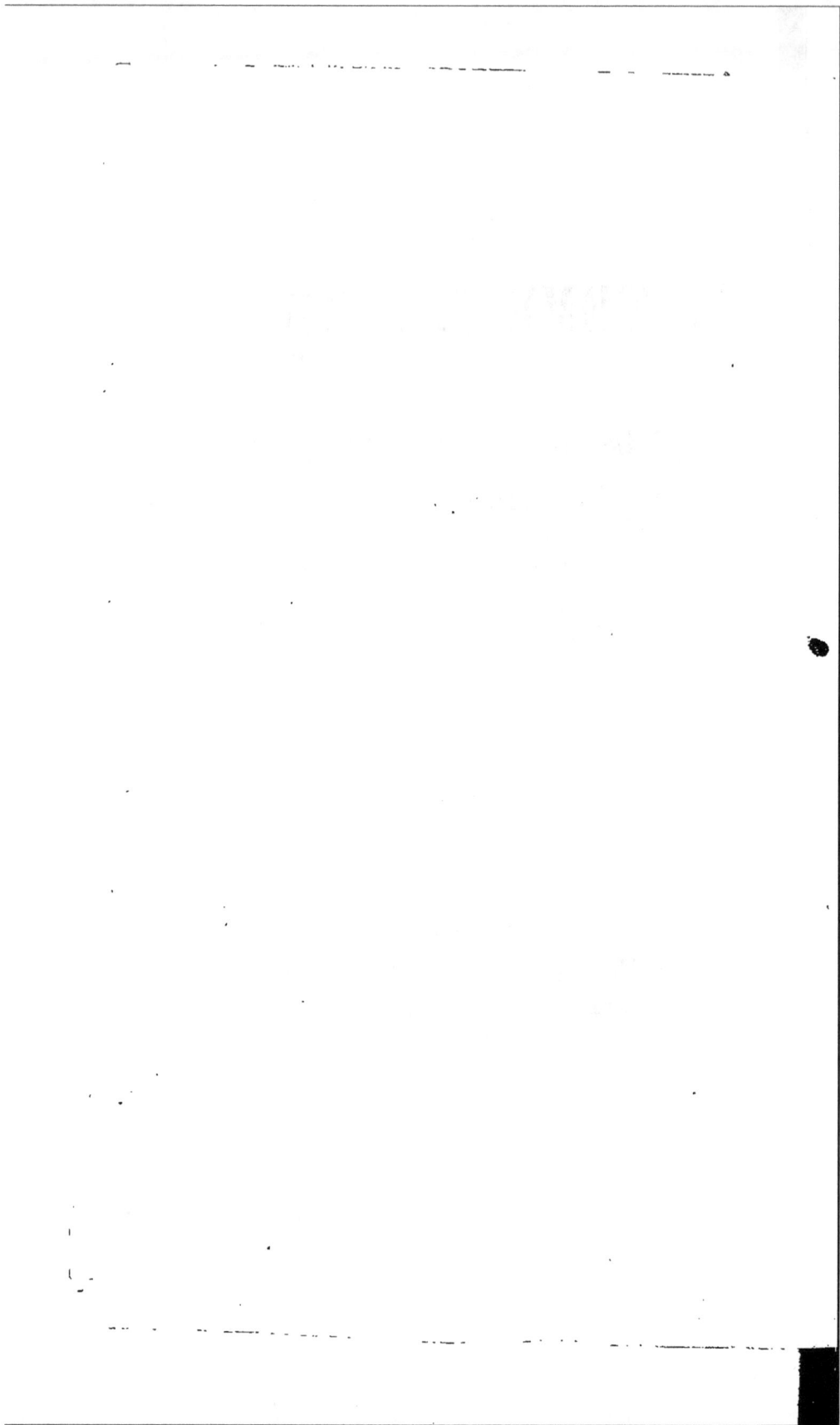

AVERTISSEMENT.

Je n'aurais pas entrepris ce cours de système métrique si je n'avais pas passé ma vie dans l'enseignement ou dans le service des poids et mesures. L'application journalière des principes qu'il renferme et la connaissance spéciale des élèves auxquels il s'adresse, m'ont permis de le mettre à la portée de leur intelligence, et de ne rien omettre de ce qui peut leur être utile.

Je l'ai divisé en deux parties. La première, plutôt théorique que pratique, traite des mesures en général; elle en fait connaître le nom, la valeur et l'emploi, et fait ressortir d'une manière frappante, les relations qu'elles ont entre elles. La seconde est consacrée à la description des mesures, des poids et monnaies effectifs, des membrures pour le bois de chauffage et des principaux instruments de pesage.

Ce nouveau cours de système métrique est complété par quelques chapitres qui ne se trouvent pas dans les autres auteurs, et par un traité pratique de la mesure des surfaces et des volumes, indispensable pour les classes où on n'enseigne pas les éléments de la géométrie.

Les figures, intercalées dans le texte de l'ouvrage, ne sauraient dispenser les maîtres de montrer fréquemment à leurs élèves les mesures réelles, et de les habituer de bonne heure à peser et à mesurer. Je n'insisterai pas sur cette observation : il n'est aucun instituteur qui n'en connaisse l'importance.

LE
SYSTÈME MÉTRIQUE.

PREMIÈRE PARTIE.

EXPOSITION GÉNÉRALE DU SYSTÈME MÉTRIQUE.

INTRODUCTION.

Les élèves d'une classe, les pages d'un livre, les arbres d'un verger, et en général une collection d'objets distincts les uns des autres, se déterminent facilement en les comptant.

Mais la longueur d'un fil, la surface d'un champ, le poids des corps, etc., ne peuvent se déterminer exactement qu'en les comparant à des longueurs, à des surfaces, à des poids connus appelés *mesures*.

Autrefois on faisait usage en France d'une foule de mesures différentes, qui variaient d'un lieu à un autre et souvent dans le même lieu. Cette diversité de mesures était une source intarissable d'erreurs, de fraudes et de contestations. Aujourd'hui ces inconvénients n'existent plus : toutes les anciennes mesures ont été remplacées par les mesures simples et uniformes du *système métrique*.

Comment se détermine une collection d'objets distincts les uns des autres ?

Que faut-il faire pour déterminer la longueur, le volume ou le poids des objets eux-mêmes ?

Pourquoi les anciennes mesures étaient-elles une cause intarissable d'erreurs et de contestations ?

Par quelles autres mesures ont-elles été remplacées ?

DÉFINITIONS ET NOMENCLATURE.

Le mot système signifie assemblage de plusieurs choses liées entre elles par un ordre régulier.

Le système métrique est l'ensemble des mesures usitées en France.

On l'appelle métrique parce que toutes les mesures dérivent du mètre.

Le système métrique est appelé encore *système légal des poids et mesures;* légal parce qu'il est conforme à la loi ; des poids et mesures à cause des mesures de poids, désignées plus simplement sous le nom de poids, et des mesures de longueur qui sont les plus importantes du système.

Le système métrique comprend six espèces de mesures, savoir:

1° Les mesures de *longueur* ou *linéaires;*

2° Les mesures de *surface* ou *agraires;*

3° Les mesures de *capacité,* pour les liquides et les matières sèches ;

4° Les mesures de *solidité,* pour le bois de chauffage ;

5° Les mesures de poids, ou simplement les *poids;*

6° Les mesures de valeur ou les *monnaies.*

Chaque espèce de mesures se compose d'une *unité* et d'un certain nombre de *multiples* et de *sous-multiples* de cette unité.

Les unités de mesure sont:

Le MÈTRE, pour les mesures de longueur;

L'ARE, pour les mesures agraires;

Le LITRE, pour les mesures de capacité;

Le STÈRE, pour les mesures de solidité;

Le GRAMME, pour les poids ;

Le FRANC, pour les monnaies.

Il y a encore le *mètre carré* et le *mètre cube* qui servent à évaluer les surfaces et les volumes en général.

Les multiples sont dix, cent, mille, dix mille fois plus grands que les unités, et les sous-multiples sont dix, cent, mille fois plus petits.

On voit que tous ces multiples et tous ces sous-multiples sont *décimaux*, c'est-à-dire qu'ils vont en croissant ou en décroissant de dix en dix comme chaque ordre d'unité dans notre système de numération.

Pour exprimer les multiples et les sous-multiples des unités de mesure, on joint aux noms primitifs de ces unités, les mots grecs,

DÉCA, qui signifie dix ;

HECTO,   —   cent ;

KILO,   —   mille ;

MYRIA,   —   dix mille ;

et les mots latins,

DÉCI, qui signifie dixième ;

CENTI,   —   centième ;

MILLI,   —   millième.

Le *myriamètre*, par exemple, est une mesure de dix mille mètres ; le *kilogramme*, un poids de mille grammes; le *décalitre* et le *centilitre*, des mesures de capacité qui valent l'une dix litres et l'autre la centième partie du litre.

Ainsi, la nomenclature du système métrique se réduit à *treize* mots; *six* d'entre eux désignent les unités principales, et les *sept* autres, ajoutés aux premiers, forment les noms des multiples et des sous-multiples, qui sont considérés à leur tour comme autant de nouvelles unités de mesure.

Il n'y a que le mètre qui ait tous les multiples et les sous-multiples; les autres unités de mesure offrent une série de multiples et de sous-multiples plus ou moins incomplète.

Les mesures de capacité et les mesures de solidité étant les unes et les autres des mesures de volume, il en résulte que le système métrique n'est formé rigoureusement que de cinq espèces de mesures, qui sont: les mesures de longueur, de surface et de volume, les poids et les monnaies. Chacune de ces cinq espèces de mesures va faire le sujet d'un chapitre particulier.

Que signifie le mot sys-
tème?

Qu'est-ce que le système
métrique?

Pourquoi est-il appelé
métrique?

Comment s'appelle-t-il
encore?

Pourquoi légal? pourquoi
des poids et mesures?

Faites connaître les dif-
férentes espèces de mesures
et leurs unités?

A quoi servent le mètre
carré et le mètre cube?

Quelle est la valeur des
multiples et des sous-multiples?

Pourquoi sont-ils appelés
décimaux?

Comment exprime-t-on les
multiples et les sous-multiples?

Que signifient les mots
myriamètre, kilogramme,
décalitre, centiare, hectolitre, décistère et millimètre?

De combien de mots sim-
ples sont formés les noms
des mesures?

Chaque unité principale
a-t-elle tous les multiples
et les sous-multiples?

Combien, à la rigueur,
y a-t-il d'espèces de me-
sures?

Nommez-les.

MESURES DE LONGUEUR.

Le MÈTRE *est la base du système métrique et
l'unité des mesures de longueur.*

*Il est égal à la dix-millionième partie du quart
du méridien terrestre.*

Le quart du méridien terrestre a, par conséquent, 10 millions de mètres, et tout le
méridien, ou le tour de la terre, en a 40 millions.

Un enfant de taille moyenne a environ un mètre à l'âge de six ans.

La définition du mètre a besoin, pour être bien comprise de quelques explications que nous allons donner en peu de mots.

La terre est ronde, elle fait un tour sur elle-même en vingt-quatre heures.

Les deux points opposés de sa surface, autour desquels s'opère ce mouvement de rotation sont appelés pôles.

L'un de ces points a reçu le nom de pôle nord ou boréal, et l'autre celui de pôle sud ou austral.

L'équateur est un cercle qui coupe la terre en deux parties égales et dont la circonférence a tous ses points également éloignés des pôles.

Le méridien est un autre cercle qui coupe la terre en deux parties égales, en passant par les pôles.

Il n'y a qu'un équateur, mais il y a une infinité de méridiens.

Pour distinguer les méridiens entre eux on leur donne les noms des villes qu'ils traversent.

La circonférence du méridien terrestre est

divisée par les pôles et l'équateur en quatre parties égales.

Une de ces parties, celle du pôle nord à l'équateur, fut déterminée avec précision, vers

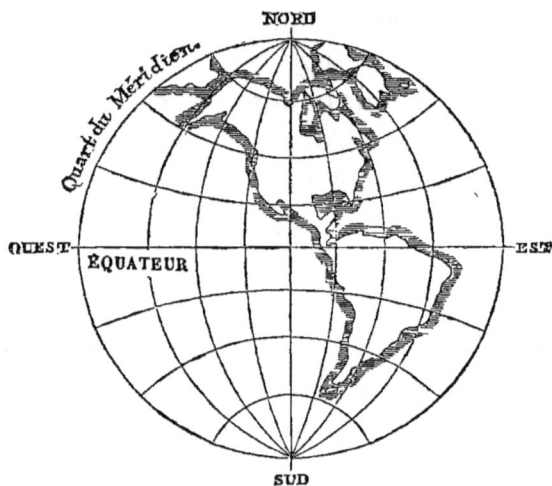

Fig. 1.

la fin du dernier siècle, afin de donner aux nouvelles mesures une base *invariable* commune à tous les peuples.

Les opérations furent faites sur le méridien de Paris, mais on ne mesura que l'arc compris entre Dunkerque et Barcelone, car il suffit pour obtenir la longueur du quart d'une circonférence quelconque, d'en mesurer une fraction déterminée.

La dix-millionième partie de l'arc du méridien terrestre, compris entre le pôle boréal et l'équateur, fut appelée *mètre*, du mot grec *métron*, qui signifie mesure, et l'on fit du mètre l'unité fondamentale du système métrique et l'unité des mesures de longueur.

Un mètre en platine fut construit pour servir d'étalon et déposé aux archives de l'État, le 22 juin 1799, en même temps que l'étalon prototype des poids.

Malgré leurs avantages incontestables, les nouveaux poids et mesures ne furent substitués aux anciens qu'avec peine et insensiblement; on eut recours pendant longtemps à des moyens transitoires, et ce n'est que depuis le 1er janvier 1840 qu'ils sont seuls reconnus par la loi.

Les noms et la valeur des mesures de longueur sont détaillés dans le tableau suivant:

NOMS systématiques.	VALEUR.	OBSERVATIONS.
Myriamètre....	Dix mille mètres.	
Kilomètre.....	Mille mètres.	
Hectomètre....	Cent mètres.	
Décamètre. ...	Dix mètres.	
MÈTRE........	*Unité fondamentale des poids et mesures.* Dix-millionième partie du quart du méridien terrestre.	L'étalon prototype en platine, déposé aux archives le 22 juin 1799, donne la longueur légale du mètre quand il est à la température zéro.
Décimètre.....	Dixième du mètre.	
Centimètre....	Centième du mètre.	
Millimètre.....	Millième du mètre.	

Il résulte de ce qui précède que le myria-mètre vaut 10 kilomètres, 100 hectomètres, 1000 décamètres, 10 000 mètres, 100 000 déci-mètres, 1 000 000 de centimètres et 10 000 000 de millimètres. Il faut 100 décamètres pour faire un kilomètre, et il faut 1000 centimètres pour faire un décamètre.

Le mètre et ses sous-multiples servent à mesurer les longueurs usuelles des étoffes, des meubles et d'une infinité d'autres objets; on les appelle mesures de *longueur* propre-ment dites.

Le décamètre est destiné à la mesure des terrains. On l'emploie aussi pour mesurer les bâtiments.

L'hectomètre, le kilomètre et le myriamètre ont reçu le nom particulier de mesures *itinéraires*, ce qui signifie mesures de chemin.

Sur les principales routes, les canaux et les lignes de chemin de fer, les kilomètres, et même quelquefois les hectomètres, sont marqués par des bornes ou des poteaux numérotés.

Qu'est-ce que le mètre?

Combien la terre a-t-elle de mètres de tour?

A quel âge la taille d'un enfant est-elle d'un mètre environ?

Quelle est la forme de la terre?

Combien met-elle de temps pour faire un tour sur elle-même?

Qu'est-ce que les pôles, l'équateur, le méridien?

Pourquoi et comment a-t-on mesuré la distance du pôle nord à l'équateur?

D'où vient le nom de mètre?

A quelle époque les étalons prototypes ont-ils été déposés aux Archives de l'État?

Depuis quand les nouveaux poids et mesures sont-ils seuls reconnus par la loi?

Quels sont les noms et la valeur des mesures de longueur?

A quelle température l'étalon prototype des mesures de longueur donne-t-il la longueur légale du mètre?

Combien le myriamètre vaut-il de kilomètres, d'hectomètres, de décamètres, de mètres, de décimètres, de centimètres et de millimètres?

Combien faut-il de centimètres pour faire un décamètre, un kilomètre?

A quels usages emploie-t-on le mètre et ses sous-multiples?

Comment appelle-t-on ces mesures?

A quoi est destiné le décamètre?

Quel nom particulier ont reçu les trois plus grandes mesures de longueur?

Comment sont marqués les kilomètres sur les routes, les canaux et les chemins de fer?

MESURES DE SURFACE.

Les mesures de surface ou de superficie se divisent en trois classes : mesures de *surface* proprement dites, mesures *agraires* et mesures *topographiques*.

§ I. MESURES DE SURFACE PROPREMENT DITES.

Les mesures de surface proprement dites servent à évaluer l'étendue d'un plafond, d'un lambris, d'une feuille de papier, etc.; on en fait un fréquent usage dans les arts et l'industrie.

Ces mesures sont:

Le MÈTRE CARRÉ, unité principale;

Le *Décimètre carré*, qui vaut la centième partie du mètre carré;

Le *Centimètre carré*, la dix-millième partie du mètre carré ;

Le *Millimètre carré*, la millionième partie du mètre carré.

On nomme carré une figure généralement connue, qui a quatre côtés égaux et quatre angles droits.

Le mètre carré est un carré qui a un mètre de chaque côté.

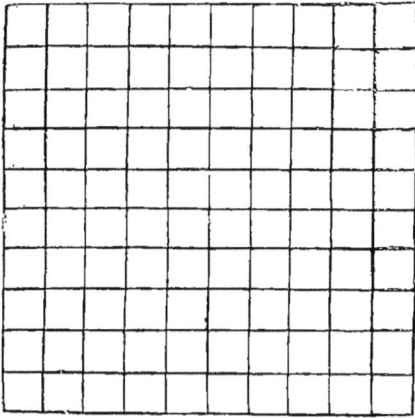

Fig. 2.

Le décimètre carré, le centimètre carré, et le millimètre carré sont des carrés qui ont pour côtés le décimètre, le centimètre ou le millimètre.

Le mètre linéaire contient 10 décimètres linéaires; mais le mètre carré contient 10 décimètres carrés. Pour vous convaincre de cette vérité, prenez une feuille de carton d'un mètre carré et divisez-la en 10 bandes d'un mètre de longueur sur un décimètre de largeur; divisez à leur tour chacune de ces bandes, dans le sens de la longueur, en 10 parties égales. Ces parties seront des décimètres carrés, et vous en aurez formé, en tout, 10 fois 10, ou 100.

On peut s'assurer de la même manière que le décimètre carré contient 100 centimètres carrés, le centimètre carré 100 millimètres carrés, et que, par conséquent, le mètre carré vaut 100 fois 100 ou 10 000 centimètres carrés, et 100 fois 10 000 ou 1 000 000 de millimètres carrés.

§ II. MESURES AGRAIRES.

Les mesures agraires servent à mesurer la superficie des champs, des bois, des prés et de toutes les propriétés foncières.

L'unité des mesures agraires est l'ARE; *c'est*

un carré qui a dix mètres de côté et cent mètres carrés de surface; c'est le décamètre carré.

L'are n'a qu'un multiple et un sous-multiple.

Voici le tableau des mesures agraires:

NOMS systématiques.	VALEUR.
Hectare[1]	Cent ares, ou dix mille mètres carrés.
ARE	Cent mètres carrés, carré de dix mètres de côté.
Centiare	Centième de l'are, ou mètre carré.

1. On dit hectare et non hectoare pour éviter une consonnance désagréable.

Les côtés de l'hectare, de l'are et du centiare décroissent de dix en dix et leurs surfaces de cent en cent; ces mesures ne sont autre chose que l'hectomètre carré, le décamètre carré et le mètre carré.

§ III. Mesures topographiques.

Les mesures topographiques servent à exprimer l'étendue superficielle des États, des îles et en général de toute portion considérable de territoire.

Ces mesures sont le *myriamètre carré* et le *kilomètre carré*.

Le myriamètre carré vaut 100 kilomètres carrés, 10 000 hectomètres carrés, 1 000 000 de décamètres carrés et 100 000 000 de mètres carrés. Le kilomètre carré, qui est la centième partie du myriamètre carré, vaut 100 hectomètres carrés, 10 000 décamètres carrés ou 1 000 000 de mètres carrés ; il vaut en d'autres termes, 100 hectares, 10 000 ares ou 1·000 000 de centiares.

En combien de classes divise-t-on les mesures de surface ?

A quoi servent les mesures de surface proprement dites ?

Comment s'appelle l'unité principale ?

Quels sont les noms et la valeur des autres unités de mesure ?

Qu'est-ce qu'un carré ?

Qu'est-ce que le mètre carré, le décimètre carré, le centimètre carré et le millimètre carré ?

Combien le mètre carré contient-il de décimètres carrés ? Donnez la démonstration.

Combien le décimètre carré contient-il de centimètres carrés, et le centimètre carré de millimètres carrés ?

Combien le mètre carré contient-il de centimètres carrés et de millimètres carrés ?

Comment appelle-t-on les mesures qui servent à évaluer la superficie des champs ?

Qu'est-ce que l'are ?

Combien l'are a-t-il de multiples et de sous-multiples ?

Quelle est la valeur de l'hectare, du centiare ?

Combien faut-il de centiares pour faire un are, un hectare ?

Pourquoi dit-on hectare et non hectoare ?

Lorsque le côté d'un carré devient 10 fois plus grand ou plus petit, que devient sa surface ?

A quels usages emploie-t-on les mesures topographiques ?

Dites les noms de ces mesures.

Combien le myriamètre carré vaut-il de kilomètres carrés, d'hectomètres carrés, de décamètres carrés et de mètres carrés ?

Combien le kilomètre carré vaut-il d'hectares, d'ares et de centiares ou mètres carrés ?

MESURES DE VOLUME.

Les mesures qui servent à évaluer les volumes se divisent en trois classes: mesures de *volume* ou de *solidité* proprement dites, mesures de *solidité pour le bois de chauffage* et mesures de *capacité*.

§ I. Mesures de volume ou de solidité proprement dites.

Les mesures de solidité proprement dites servent à mesurer les travaux de maçonnerie et de terrassement, le volume des bois de construction, la capacité des bassins, etc.

Ces mesures sont:

Le MÈTRE CUBE, unité principale;

Le *décimètre cube*, qui vaut la millième partie du mètre cube;

Le *Centimètre cube*, la millionième partie du mètre cube;

Le *Millimètre cube*, la billionième partie du mètre cube.

On nomme cube un solide qui a la forme d'un dé à jouer, et dont les six faces sont des carrés égaux entre eux.

Le mètre cube, le décimètre cube, le centimètre cube et le millimètre cube sont des cubes dont les six faces carrées ont pour côté le mètre, le décimètre, le centimètre et le millimètre.

Le mètre cube contient 1000 decimètres cubes, 1 000 000 de centimètres cubes ou 1 000 000 000 de millimètres cubes. Pour nous en convaincre supposons une caisse vide, ayant intérieurement un mètre dans tous les sens, c'est-à-dire un mètre cube de capacité, et cherchons combien elle pourra contenir de boîtes d'un décimètre cube chacune. Le fond de cette caisse a nécessairement un mètre carré de surface et peut être divisé en 100 décimètres carrés; sur chacun de ces carrés on peut placer une boîte et former ainsi une

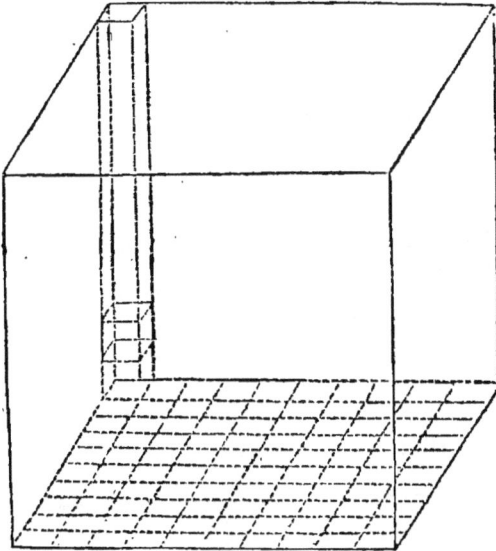

Fig. 3.

première couche de cent boîtes, qui s'élèvera à un décimètre; mais comme la caisse a un mètre ou dix décimètres de hauteur, il faudra pour la remplir, dix couches de cent boîtes chacune. Le mètre cube contient donc 10 fois 100 ou 1000 décimètres cubes.

2

On s'assurerait de la même manière que le décimètre cube vaut 1000 centimètres cubes et le centimètre cube 1000 millimètres cubes, et que, par conséquent, le mètre cube vaut 1000 fois 1000 ou 1 000 000 de millimètres cubes.

§ II. Mesures de solidité pour le bois de chauffage.

Le STÈRE, *unité des mesures de solidité pour le bois de chauffage, équivaut au mètre cube.*

Il n'a qu'un multiple et un sous-multiple très-peu usités.

Les noms et la valeur de ces trois mesures sont indiqués ci-après:

NOMS SYSTÉMATIQUES.	VALEUR.
Décastère......................	Dix stères.
STÈRE.........................	Mètre cube.
Décistère.....................	Dixième du stère.

Il ne faut pas confondre le décistère avec le décimètre cube; la première de ces mesures représente un solide qui a un mètre de longueur et un mètre de largeur sur un décimètre d'épaisseur, tandis que l'autre, cent fois plus petite que le décistère, représente un solide qui n'a qu'un décimètre dans tous les sens.

§ III. Mesures de capacité.

Les mesures de capacité servent à déterminer le volume des *liquides* tels que le vin, l'huile, le lait, et des *matières sèches* telles que le blé, le plâtre, le charbon.

L'unité des mesures de capacité est le Litre.

Le litre est une mesure dont la contenance égale un décimètre cube.

Nous donnons dans le tableau suivant les noms et la valeur de toutes les mesures de capacité.

NOMS SYSTÉMATIQUES.	VALEUR.
Kilolitre........................	Mille litres.
Hectolitre.......................	Cent litres.
Décalitre........................	Dix litres.
Litre............................	Décimètre cube.
Décilitre........................	Dixième du litre.
Centilitre.......................	Centième du litre.

On ne se sert presque jamais du mot kilolitre; les expressions équivalentes mille litres et dix hectolitres ont généralement prévalu.

En comparant les mesures de capacité aux mesures de solidité proprement dites, on trouve que le kilolitre, qui vaut 1000 litres, égale 1000 décimètres cubes, ou un mètre cube; que l'hectolitre égale 100 décimètres cubes; le décalitre 10 décimètres cubes; le litre 1 décimètre cube, le décilitre 100 centimètres cubes, et le centilitre 10 centimètres cubes.

En combien de classes divise-t-on les mesures de volume?

Qu'évalue-t-on avec les mesures de volume proprement dites?

Comment se nomme l'unité principale ?

Quels sont les noms et la valeur des sous-multiples?

Qu'appelle-t-on cube?

Qu'est-ce que le mètre cube, le décimètre cube, le centimètre cube et le millimètre cube?

Combien le mètre cube contient-il de décimètres cubes? Donnez la démonstration.

Combien le décimètre cube vaut-il de centimètres cubes, et le centimètre cube de millimètres cubes?

Combien le mètre cube vaut-il de centimètres cubes et de millimètres cubes?

Combien de fois le millimètre cube est-il contenu dans le centimètre cube, le décimètre cube et le mètre cube?

Quelle est l'unité des mesures de solidité pour le bois de chauffage?

A quoi est égal le stère?

Quels sont les noms et la valeur des autres unités de mesure?

Quelle différence y a-t-il entre un décistère et un décimètre cube?

A quoi servent les mesures de capacité?

Quelle est l'unité des mesures de capacité?

Qu'est-ce que le litre?

Dites les noms et les valeurs des multiples et des sous-multiples du litre?

Par quelles expressions désigne-t-on généralement le kilolitre?

Quelle est la valeur des mesures de capacité exprimée en mesures de solidité proprement dites?

POIDS.

On peut avec les différentes mesures dont nous venons de parler, connaître l'étendue des objets; mais il est une multitude de circonstances dans lesquelles on a, de plus, besoin de connaître leur poids.

L'unité des mesures de poids est le GRAMME.

Le gramme est le poids, dans le vide, d'un centimètre cube d'eau distillée, à la température de quatre degrés centigrades.

Les eaux les plus pures, si elles ne sont pas distillées, contiennent des substances étrangères; il suit de là que ces différentes eaux n'ont pas la même densité, c'est-à-dire que le poids du centimètre cube varie de l'une à l'autre. Au contraire la densité de l'eau distillée ne varie jamais, au moins à une même température ; c'est pour ce motif qu'elle a été choisie pour déterminer le gramme.

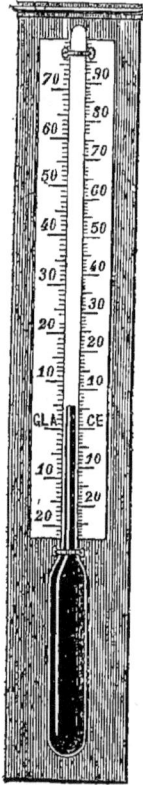

Fig. 4.

L'air atmosphérique est loin aussi d'avoir une densité constante ; elle varie sans cesse. Ces variations influent sur les pesées faites dans l'air et produisent de légères différences qu'on ne doit pas négliger lorsqu'il s'agit d'une opération scientifique. Les expériences ayant pour but de déterminer l'unité de poids furent faites dans l'air, mais on eut recours à des procédés qui firent connaître le poids de l'eau dans le vide.

A la température de quatre degrés centigrades environ, les molécules de l'eau sont plus rapprochées qu'à toute autre température ; on dit alors qu'elle est à son maximum de densité. Au-dessus et au-dessous de ce degré, elle se dilate et pèse moins à volume égal. La température de l'eau sur laquelle on opéra fut observée avec soin et ramenée par des calculs qu'enseigne la physique, à quatre degrés au-dessus de zéro du thermomètre *centigrade*. Ce thermomètre est ainsi appelé parce qu'il comprend cent degrés depuis la glace fondante jusqu'à l'eau bouillante.

Il fallait prendre toutes ces précautions pour faire du gramme un poids *constant*, qualité indispensable à toute unité de mesure.

Le poids étalon, déposé aux Archives impériales, pèse autant qu'un décimètre cube d'eau distillée à 4°, c'est-à-dire un kilogramme ou mille grammes. Ce poids est construit en platine, comme l'étalon prototype des mesures de longueur; il a la forme d'un cylindre dont le diamètre, égal à la hauteur, est de trente-neuf millimètres et demi environ.

Le gramme se lie au mètre par les dimensions du cube d'eau distillée.

Voici le tableau des poids du système métrique.

NOMS systématiques.	VALEUR.	OBSERVATIONS.
. . . .	Mille kilogrammes, poids du mètre cube d'eau et du tonneau de mer.	
. . . .	Cent kilogrammes, quintal métrique.	
KILOGRAMME...	Mille grammes, poids dans le vide d'un décimètre cube d'eau distillée à la température de quatre degrés centigrades.	L'étalon prototype en platine, déposé aux Archives le 22 juin 1799, donne, dans le vide, le poids légal du kilogramme.
Hectogramme..	Cent grammes.	
Décagramme.	Dix grammes.	
GRAMME......	Poids d'un centimètre cube d'eau à quatre degrés centigrades.	
Décigramme...	Dixième du gramme.	
Centigramme..	Centième du gramme.	
Milligramme...	Millième du gramme.	

Dans les petites pesées on compte par grammes ; dans toutes les autres on prend pour unité le kilogramme dont les dixièmes sont des hectogrammes, les centièmes des décagrammes et les millièmes des grammes. Ainsi on dit 8 kilogrammes 625 grammes de pain, de viande, de sucre, etc.

Si l'on compare les poids aux mesures de capacité supposées remplies d'eau, on trouve que le kilolitre d'eau, qui vaut 1000 litres, pèse 1000 kilogrammes ; que l'hectolitre d'eau pèse

100 kilogrammes; le décalitre, 10 kilogrammes; le litre 1 kilogramme; le décilitre 100 grammes, et le centilitre 10 grammes.

Quelles mesures emploie-t-on pour déterminer l'étendue des objets?

Quelles mesures emploie-t-on pour déterminer leur poids?

Quelle est l'unité des mesures de poids?

Qu'est-ce que le gramme?

Pourquoi a-t-on pris de l'eau distillée pour déterminer le gramme?

Pourquoi a-t-on cherché le poids de l'eau distillée dans le vide?

Pourquoi à la température de quatre degrés centigrades?

Qu'est-ce que le thermomètre centigrade?

En quoi est construit l'étalon prototype des poids?

Combien pèse-t-il?

Quelle forme lui a-t-on donnée?

Combien a-t-il de hauteur et de diamètre?

Par quoi le gramme se lie-t-il au mètre?

Est-ce dans l'air ou dans le vide que l'étalon prototype donne le poids légal du kilogramme?

Dites les noms et la valeur des poids du système métrique?

Quelle est l'unité de poids pour les petites pesées?

Pour toutes les autres?

Quel est le poids d'un kilolitre, d'un hectolitre, d'un décalitre, d'un litre, d'un décilitre et d'un centilitre d'eau prise dans les conditions du gramme?

MONNAIES.

Le système monétaire se rattache au système métrique par le poids de son unité appelée FRANC.

Le franc est une pièce ronde, du poids de cinq grammes, contenant neuf dixièmes d'argent et un dixième de cuivre.

Dans le tableau ci-après sont marqués les noms et la valeur des monnaies.

NOMS SYSTÉMATIQUES.	VALEUR.
FRANC.....................	Cinq grammes d'argent au titre de neuf dixièmes de fin.
Décime..................	Dixième du franc.
Centime.................	Centième du franc.

Le franc n'a pas de multiples ; il y a bien des pièces de monnaie de 10 et de 100 francs, ainsi qu'on le verra ci-après, mais on n'emploie pas les mots systématiques *décafranc* et *hectofranc* pour en énoncer la valeur. On ne dit pas non plus *décifranc, centifranc* pour exprimer les sous-multiples de l'unité monétaire, les noms adoptés sont *décime* et *centime*, et même le mot décime ne s'emploie que dans des cas exceptionnels. Un certain nombre de décimes, un, deux, cinq, par exemple, s'énoncent dix centimes, vingt centimes, cinquante centimes.

On fait des pièces de monnaie en or, en argent et en bronze.

A l'exception des pièces de 20 et 50 centimes, qui contiennent 835 millièmes d'argent et 165 millièmes de cuivre, toutes les pièces d'or et d'argent sont au titre de neuf cents millièmes ou neuf dixièmes de fin, c'est-à-dire qu'elles contiennent les neuf dixièmes de leur poids d'or ou d'argent pur et un dixième d'alliage.

Le cuivre, allié à l'or et à l'argent, donne plus de dureté à ces deux derniers métaux, et rend ainsi la monnaie plus propre à résister à l'action du frottement.

Le bronze employé à la fabrication des monnaies est composé de 95 centièmes de cuivre, 4 d'étain et 1 de zinc.

A poids égal, la monnaie d'or a une valeur légale 15 fois et demie plus grande que la monnaie d'argent, et la monnaie d'argent, une valeur 20 fois plus grande que celle de bronze. 10 francs en bronze, 200 francs en argent, ou 3100 francs en or, pèsent un kilogramme.

En général, étant donnée la valeur d'une somme en argent, en or, ou en bronze, on peut en trouver le poids, et, réciproquement, étant donné le poids, on peut en déterminer la valeur.

Pour trouver, par exemple, le poids de 465 francs en pièces d'argent nouvellement fabriquées, on multiplie 465 par 5 puisque un franc pèse 5 grammes, et l'on obtient pour résultat 2325 grammes ou 2 kilogrammes 325 grammes. Si cette somme était en or au lieu d'être en argent, le rapport de l'or à l'argent monnayé étant 15, 5, on diviserait 2325 par 15,5, ce qui donnerait 150 grammes; et si enfin les 465 francs étaient en pièces de bronze, la valeur de la monnaie d'argent étant 20 fois plus grande que celle de la monnaie de bronze, il faudrait multiplier 2325 par 20. Mais le poids des pièces de bronze peut s'obtenir immédiatement et sans calcul. Ces pièces avant d'être usées par le frottement, pèsent autant de grammes qu'elles valent de centimes. 465 francs ou 46500 centimes de cette monnaie pèsent, par conséquent, 46500 grammes ou 46 kilogrammes 5.

Passons à l'autre cas et supposons qu'on désire connaître la valeur d'une somme en argent, en or, ou en bronze, pesant un kilogramme 850 grammes ou 1850 grammes.

La valeur de cette somme est égale, en argent, à 1850 divisé par 5 ou 370 francs ; en or, à 370 multiplié par 15,5 ou 5735 francs, et en bronze, à 1850 centimes, ou 18 francs 50 centimes.

On peut résoudre de la même manière tous les problèmes relatifs à la valeur et au poids des monnaies.

TABLEAU GÉNÉRAL DES MESURES LÉGALES.

MESURES DE LONGUEUR.

Itinéraires.
Myriamètre........ Dix mille mètres........ 10,000 mètres.
KILOMÈTRE........ Mille mètres........... 1,000
Hectomètre. ... Cent mètres........... 100
Pour les terrains.
Décamètre. .... Dix mètres........... 10
Proprement dites.
MÈTRE........... Unité fondamentale des
  poids et mesures. Dix-
  millionième partie du

	quart du méridien ter-restre...........	1
Décimètre.........	Dixième du mètre.......	0,1
Centimètre........	Centième du mètre......	0,01
Millimètre........	Millième du mètre.......	0,001

MESURES DE SURFACE.

Topographiques.

Myriamètre carré.	Cent kilomètres carrés...	1,000,000 ares
KILOMÈTRE CARRÉ.	Cent hectares, carré de mille mètres de côté...	10,000

Agraires.

Hectare..........	Cent ares............	100
ARE..............	Cent mètres carrés, carré de dix mètres de côté..	1
Centiare.........	Centième de l'are, ou mètre carré............	0,01

Proprement dites.

MÈTRE CARRÉ.....	Carré d'un mètre de côté.	1 m. carré
Décimètre carré...	Centième du mètre carré.	0,01
Centimètre carré..	Dix-millième du mètre carré............	0,0001
Millimètre carré..	Millionième du mètre carré	0,000001

MESURES DE VOLUME OU DE SOLIDITÉ.

Pour le bois de chauffage.

Décastère.........	Dix stères............	10 stères.
STÈRE...........	Mètre cube...........	1
Décistère.........	Dixième du stère........	0,1

Proprement dites.

MÈTRE CUBE......	Cube dont chaque face est un mètre carré.......	1
Décimètre cube...	Millième du mètre cube...	0,001
Centimètre cube..	Millionième du mètre cube.	0,000001
Millimètre cube...	Billionième du mètre cube.	0,000000001

Pour les liquides et les matières sè-ches, ou mesures de capacité.

Kilolitre.........	Mille litres (mètre cube)..	1000 litres.
Hectolitre........	Cent litres...........	100

Décalitre.........	Dix litres...............	10
LITRE............	Décimètre cube..........	1
Décilitre.........	Dixième du litre........	0,1
Centilitre........	Centième du litre.......	0,01

POIDS.

....	Mille kilogrammes, poids du mètre cube d'eau et du tonneau de mer....	1000 kilogrammes.
....	Cent kilogrammes, quintal métrique...............	100
KILOGRAMME......	Mille grammes poids dans le vide d'un décimètre cube d'eau distillée, à la température de quatre degrés centigrades....	1
Hectogramme.....	Cent grammes..........	100 grammes.
Décagramme.....	Dix grammes..........	10
GRAMME........	Poids d'un centimètre cube d'eau à quatre degrés centigrades..........	1
Décigramme.....	Dixième du gramme......	0,1
Centigramme.....	Centième du gramme....	0,01
Milligramme.....	Millième du gramme. — Poids du millimètre cube d'eau...............	0,001

MONNAIES.

FRANC..........	Cinq grammes d'argent au titre de neuf dixièmes de fin...............	1 franc.
Décime.........	Dixième du franc.......	0,1
Centime........	Centième du franc......	0,01

Par quoi le système monétaire se rattache-t-il au système métrique?

Quelle est l'unité du système monétaire?

Qu'est-ce que le franc?

Le franc a-t-il des multiples?

Quels sont les sous-multiples du franc?

Comment énonce-t-on ordinairement un, deux, cinq décimes?

En quoi sont faites les pièces de monnaie?

Combien les pièces de 20 et 50 centimes contiennent-elles de parties d'argent et de parties de cuivre?

Quel est le titre des autres pièces d'or et d'argent?

Quelle est la propriété du cuivre allié à l'or et à l'argent dans les pièces de monnaie?

De quoi est composé le bronze employé à la fabrication des monnaies?

Quelle est la valeur, à poids égal, des monnaies d'or, d'argent et de bronze?

Quelle somme faut-il en bronze, en argent et en or pour faire le poids d'un kilogramme?

Quel est le poids de 775 francs en argent, en or ou en bronze?

Quelle est la valeur de 1 kilogramme 350 grammes en monnaie d'argent, d'or ou de bronze?

MESURES DE TEMPS.

Après les mesures du système métrique, les plus importantes sont les mesures de temps.

Ces mesures, d'un usage très-fréquent, sont au nombre de huit, savoir : le JOUR, l'*heure*, la *minute*, la *seconde*, la *semaine*, le *mois*, l'ANNÉE, le *siècle*.

Le jour est le temps qu'emploie la terre pour faire un tour sur elle-même. Quelquefois on appelle jour le temps qui s'écoule entre le lever et le coucher du soleil ; mais le jour, tel que nous devons l'entendre ici , comprend également la nuit.

Le jour commence à minuit ; il se divise en 24 parties égales appelées heures ; l'heure se subdivise en 60 minutes, et la minute en 60 secondes.

La semaine compte 7 jours : *lundi, mardi, mercredi, jeudi, vendredi, samedi* et *dimanche*.

Les mois sont de 30 ou 31 jours, excepté celui de février qui n'en a que 28 ou 29, selon que l'année est ordinaire ou bissextile.

L'année comprend 12 mois, savoir : *janvier, février, mars, avril, mai, juin, juillet, août, septembre, octobre, novembre* et *décembre*. Les années ordinaires sont de

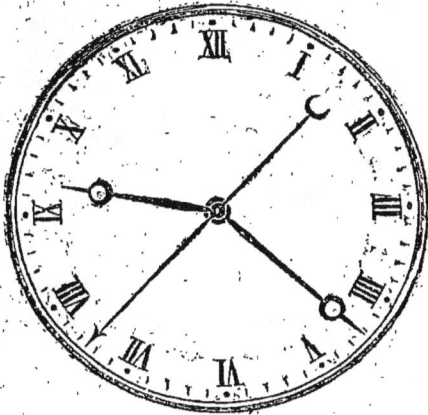

Fig. 5.

365 jours, et les années bissextiles, qui arrivent ordinairement tous les quatre ans, sont de 366. *L'année est le temps qu'emploie la terre pour faire sa révolution autour du soleil.*

Le siècle est une période de 100 années.

On appelle *ère* le point fixe d'où l'on commence à compter les années.

L'ère chrétienne ou vulgaire commence à la naissance de Jésus-Christ ; elle est généralement suivie par les modernes.

Depuis la naissance de Jésus-Christ jusqu'à nos jours il s'est écoulé dix-huit siècles ; nous sommes dans le dix-neuvième.

Les horloges servent à marquer les heures et leurs divisions.

Quelles sont les mesures les plus importantes après celles du système métrique?

Comment se divise le temps?

Qu'est-ce que le jour, l'heure, la minute et la seconde?

Nommez les jours de la semaine et les mois de l'année.

Combien compte de jours le mois de février?

Combien en comptent les autres mois de l'année?

Qu'est-ce que l'année?

Qu'est-ce que le siècle?

Que signifie le mot ère?

A quelle époque commence l'ère chrétienne?

Dans quel siècle sommes-nous, dans quelle année, dans quel mois?

Quel quantième du mois avons-nous?

A quoi servent les horloges?

Quelle heure est marquée au cadran placé ci-dessus?

DE LA MANIÈRE DE LIRE ET D'ÉCRIRE LES NOMBRES.

Pour indiquer en abrégé que les nombres écrits en chiffres représentent des mètres, des ares, des stères, des litres, des grammes ou des francs, on emploie les abréviations *mèt.*, *ar*, *st.*, *lit.*, *gr.*, *fr.*, ou simplement les lettres *m*, *a, s, l, g, f,* initiales des noms de ces diverses sortes de mesures. Par exemple, pour faire représenter au nombre 28,75 des mètres et des parties décimales de mètre, on écrira 28 mèt., 75 ou 28 m. 75.

Les multiples et les sous-multiples des nouvelles unités de mesure ayant été soumises à la division décimale, il en résulte que le nombre 473296 m. 518, par exemple, pourrait à la rigueur s'énoncer ainsi, 47 myriam., 3 kilom., 2 hectom., 9 décam., 6 m., 5 décim., 1 centim., 8 millim.; mais on doit éviter autant que possible d'employer plusieurs noms de mesures à la fois. Le nombre ci-dessus se lira donc quatre cent soixante-treize mille deux cent quatre-vingt-seize mètres, cinq cent dix-huit millièmes de mètres. Pareillement, le nombre 4 hectol., 65, composé de 4 hectol. 6 décal. 5 lit., doit se lire quatre hectolitres soixante-cinq centièmes.

Cependant, on pourrait aussi énoncer ces deux nombres comme il suit : 473 296 mètres 518 millimètres et 4 hectolitres 65 litres, en donnant à la réunion des chiffres décimaux le nom de la subdivision exprimée par le dernier chiffre.

La manière de lire ces nombres, indiquant suffisamment celle de les écrire, nous allons passer aux carrés et aux cubes.

Toutes les mesures de surface, le myriamètre carré, le kilomètre carré, etc., jusqu'au millimètre carré, étant chacune cent fois plus grande que celle qui vient immédiatement au-dessous, on aura le soin en écrivant les nombres en chiffres, de faire occuper deux rangs à chacune de ces unités de mesure. On fera de même pour les mesures agraires.

Soit proposé de représenter par un nombre décimal 15 mètres carrés, 8 décimètres carrés, on écrira, 15 mèt. car., 08 en faisant précéder le 8 d'un zéro, parce que le décimètre carré est la centième partie du mètre carré. De même, pour désigner l'étendue d'une surface qui a 37 mètres carrés, 8 décimètres carrés, 62 millimètres carrés, on doit écrire 37 mèt. car., 080 062 en mettant deux zéros à la place des centimètres carrés manquants.

Avant de lire un nombre dont les chiffres décimaux sont en nombre impair, on écrit un zéro à la droite de la partie décimale: ainsi 64 mèt. car., 843 s'énoncent 64 mètres carrés

84 décimètres carrés, 30 centimètres carrés. On pourrait cependant se dispenser d'ajouter le zéro et lire : 64 mètres carrés, 843 millièmes.

Les sous-multiples du mètre carré vont en diminuant de cent en cent, ceux du mètre cube diminuent de mille en mille ; il faut deux, quatre, six chiffres décimaux pour exprimer les décimètres carrés, les centimètres carrés et les millimètres carrés en fractions décimales de mètre carré ; il en faut trois, six, neuf pour exprimer les décimètres cubes, les centimètres cubes et les millimètres cubes en fractions décimales de mètre cube. D'après ces principes, si l'on veut représenter 3 mètres cubes, 82 décimètres cubes, 7 centimètres cubes, 56 millimètres cubes, on écrira 3 m. cub., 082007056 ; et pour énoncer le nombre 0m. cub., 00007, on dira 7 cent-millièmes de mètre cube, ou bien 70 centimètres cubes, en écrivant un zéro à la droite du 7.

Qu'emploie-t-on pour indiquer en abrégé que les nombres écrits en chiffres représentent des mètres, des ares, des stères, des litres, des grammes et des francs ?

Lisez de différentes manières les nombres 287 gr., 354 ; 619 lit., 75 et 80 fr., 45.

Que doit-on éviter dans la lecture des nombres?

Écrivez en mètres, litres, stères, grammes, francs, et fractions décimales de ces unités, les nombres : 9 myriam. 6 kilom. 3 décam.; 5 mèt. 1 décim. 4 millim.; 6 hectol. 5 décil. 3 centil.; 25 décast. 9 décist.; 34 grammes 68 dix-millièmes; 19 fr. 6 centimes.

Que doit-on faire en écrivant en chiffres les mesures de surface?

Écrivez en mètres carrés et fractions décimales de mètre carré les nombres : 8 mèt. car. 6 décim. car. 25 millim. car.; 12 mèt. car. 7 centim. car.; 13 mèt. car. 34 cent-millièmes de mètre carré.

Écrivez 3 hectar. 6 ar. 25 centiar.; 15 hectar. 3 centiar.

Lisez les nombres 34 mèt. car. 819672; 5 mèt. car. 00725.

Combien faut-il de chiffres décimaux pour exprimer des décimètres carrés, des centimètres carrés et des millimètres carrés, en fractions décimales de mètre carré?

Combien en faut-il pour exprimer des décimètres cubes, des centimètres cubes et des millimètres cubes en fractions décimales de mètre cube?

Écrivez en mètres cubes et fractions décimales de mètre cube les nombres : 2 mèt. cub. 352 cent-millièmes de mèt. cub; 3 décim. cub. 49 millim. cub.

Lisez les nombres : 43 mèt. cub. 172436; 8 mèt. cub. 072009543; 0 mèt. cub. 00004.

AVANTAGES DU SYSTÈME MÉTRIQUE.

Nous avons dit en commençant que les transactions commerciales avaient longtemps souffert du nombre considérable de mesures dont on faisait autrefois usage, et du peu d'uniformité qui existait entre elles. Nous devons ajouter que ces mêmes mesures, qui ne se divisaient pas de dix en dix, comme les différentes unités de numération, nécessitaient des calculs extrêmement longs et difficiles, et causaient ainsi un autre embarras non moins grand que le premier.

Les fondateurs du système métrique ont aplani cette difficulté en ne créant qu'un petit nombre de mesures, les mêmes pour toute la France, et en les assujettissant à la division décimale.

Depuis qu'on se sert des nouvelles mesures, il suffit de savoir le prix de l'entier pour connaître sans calcul celui de ses parties. Par exemple, lorsque le kilogramme d'une marchandise coûte 3 francs, le dixième de kilogramme coûte 3 décimes ou 30 centimes, et le centième de kilogramme, 3 centimes.

Un marchand qui se propose, sur une étoffe, un gain de 8, 10, 15 pour cent, n'a qu'à ajouter, pour chaque mètre, 8, 10, 15 centimes par franc au prix d'achat. Si son bénéfice doit être de 8 pour cent et que le mètre lui revienne à 5 francs, il vendra son étoffe 5 fr. 40 le mètre ou 54 centimes le décimètre.

On peut, sans altérer la valeur représentée par le nombre, opérer un changement d'unité par un simple déplacement de la virgule : pour convertir, par exemple, 9758 gr. 25 en kilogrammes, comme le kilogramme est mille fois plus grand que le gramme, je transporte la virgule à la droite du chiffre des unités de mille, en la reculant de trois rangs vers la gauche, et j'obtiens 9 kilogr. 75825. Si j'avais à transformer 4 hecta. 06 a. ou 406 ares en centiares, je prendrais pour unité le centième d'are en reculant la virgule de deux rangs vers la droite, et j'écrirais : 40600 centiares ou mètres carrés.

Le litre n'étant autre chose que le décimètre cube, on peut également, en portant la virgule à droite ou à gauche, substituer les mesures de volumes proprement dites, aux mesures de capacités et celles-ci aux premières. On trouve, par exemple, que 14 hectol. 36 ou 1436 litres équivalent à 1436 décim. cub., ou 1 m. cub., 436 et que 0 m. cub. 72455 ou 724 décim. cub. 55 représentent 724 l. 55, ou 7 hectol. 2455.

Le kilogramme étant le poids d'un décimètre cube d'eau distillée, il en résulte aussi que pour avoir le poids d'un volume d'eau, il n'y a qu'à exprimer ce volume en décimètres cubes; autant on obtiendra de décimètres cubes, autant cette quantité d'eau pèsera de kilogrammes, et réciproquement. On trouve par ce moyen bien simple, en déplaçant seulement la virgule, que 3 mèt. cub. 478 d'eau, prise dans les conditions du gramme, ou 3478 décim. cub. pèsent 3478 kilogrammes, et que 16 kilog. 25 est le poids de 16 décim. cub. 250 centim. cub. ou 16 litres 25 centil.

On admet dans la pratique, quoique ce ne soit pas rigoureusement exact, que le poids du décimètre cube de l'eau ordinaire, sans tenir compte de la température, correspond au kilogramme.

De toutes les relations qui existent entre les diverses mesures du système métrique, la plus remarquable et la plus utile est, sans contredit, celle qui donne immédiatement le poids de l'eau, quand on connaît son volume, et le volume quand on connaît son poids.

On obtient le *poids* de tous les corps lorsqu'on connaît leur volume, et l'on obtient leur volume lorsqu'on connaît leur poids, au moyen des *poids spécifiques* qui ont été déterminés avec soin pour toutes les substances importantes.

Le poids spécifique d'un corps est le rapport du poids d'un volume quelconque de ce corps au poids d'un égal volume d'eau pure et à 4°.

Quand on dit que le poids spécifique du cuivre fondu est 8,788, cela revient à dire qu'un décimètre cube de ce métal pèse 8 kilogrammes 788 grammes, puisqu'un décimètre cube d'eau distillée pèse 1 kilogramme.

Pour trouver le poids d'un corps solide ou liquide il faut multiplier son volume par son poids spécifique, et pour en trouver le volume il faut diviser son poids par son poids spécifique.

Je suppose qu'on veuille savoir combien contient de litres d'huile d'olive une pièce qui pèse 366 kilog. 12, déduction faite du poids de la futaille vide ; on divisera 366,12 par 0,9153, poids spécifique de l'huile d'olive, et l'on trouvera 400 litres. Si, au contraire, connaissant le nombre de litres on voulait en savoir le poids, il faudrait multiplier 400 par 0,9153.

Tous ces avantages placent notre système de poids et mesures bien au-dessus de ceux des autres pays, qui sont, par conséquent, intéressés à l'adopter. Déjà la Belgique, la Suisse et l'Italie l'ont mis en pratique sous toutes ses formes. Leur exemple sera suivi tôt ou tard, et le système métrique décimal finira par devenir universel comme le système de numération.

Quels étaient les inconvénients de l'ancien système des poids et mesures?

Comment les a-t-on fait disparaître dans le nouveau?

Connaissant le prix de l'entier, a-t-on besoin de faire des calculs pour trouver celui de ses parties?

Lorsque le kilogramme d'une marchandise coûte 20 francs, que coûtent l'hectogramme, le décagramme et le gramme?

On se propose sur une étoffe un gain de 6, 9, 12 pour cent, que faut-il ajouter au prix d'achat?

Si le mètre d'étoffe revient à 25 francs, combien devra-t-on vendre le mètre, le décimètre, le centimètre, pour faire un bénéfice de 8 pour cent?

Que faut-il faire pour convertir 7125 gr. 45 en kilogrammes?

Combien 6 hectares 72 ares font-ils de centiares ou mètres carrés?

Convertissez 4 hectol. 25 en décimètres cubes, et 47 mèt. cub. en hectolitres.

Connaissant le volume de l'eau, que faut-il faire pour en trouver le poids?

Connaissant le poids, que faut-il faire pour en trouver le volume?

Quel est le poids de 2 m. cub. 225 d'eau prise dans les conditions du gramme?

Quel est celui de 6 hectol. 49 litres?

Exprimez en mètres cubes et en hectolitres une quantité d'eau pesant 4000 kilogrammes?

De toutes les relations qui existent entre les diverses mesures du système métrique, quelle est la plus remarquable et la plus utile?

Qu'est-ce que le poids spécifique d'un corps?

A quoi servent les poids spécifiques?

Quelle est la substance qui sert de terme de comparaison pour les poids spécifiques des corps solides et liquides?

Connaissant le volume et le poids spécifique d'un corps solide ou liquide, que faut-il faire pour en trouver le poids?

Connaissant le poids d'un corps et son poids spécifique, que faut-il faire pour en trouver le volume?

Quel est le poids d'un bloc de marbre qui a 3 m. cub. 745 décim. cub., sachant que son poids spécifique est 2,8376?

Quel est le volume d'un bloc semblable qui pèse 4157 kilogr. 84 gr.?

Notre système de poids et mesures est-il préférable à ceux des autres pays?

Quelles sont les nations étrangères qui l'ont déjà adopté?

SECONDE PARTIE.

DES MESURES EFFECTIVES ET DE LA MANIÈRE DE LES EMPLOYER.

NOTIONS PRÉLIMINAIRES.

Nous n'avons jusqu'ici considéré les mesures du système métrique que d'une manière abstraite et générale ; nous allons maintenant les examiner comme instruments propres au mesurage.

Certaines de ces mesures, telles que l'are, l'hectomètre, le kilolitre, n'existent pas réellement, ce sont des mesures *fictives* ou de *compte*; d'autres, au contraire, sont *réelles* ou *effectives* et servent aux usages du commerce.

Le nombre et la forme des mesures effectives sont déterminés par des règlements d'administration publique, ainsi que les matières avec lesquelles ces mesures doivent être fabriquées.

La fabrication des instruments de pesage, sans lesquels il est impossible de déterminer le poids des corps, est également réglementée. Ceux de ces instruments qui s'écartent des formes usitées, ou qui présentent une disposition nouvelle dans le mode de construction, doivent être soumis à un examen préalable auquel le Gouvernement se réserve de faire procéder, avant d'accorder, s'il y a lieu, l'autorisation de s'en servir dans le commerce.

Afin de donner à la vente des divers objets toute la commodité que l'on peut désirer, la loi permet l'emploi des doubles et des moitiés de la plupart des mesures décimales effectives.

Le double de chaque mesure étant le cinquième de la mesure immédiatement supérieure, il s'en suit que celle-ci est divisée en demies et en cinquièmes, ce qui est conforme aux lois de la division décimale, puisque les nombres 2 et 5 sont les seuls diviseurs exacts du nombre 10.

De quelle manière avons-nous considéré les mesures dans la première partie, et de quelle manière allons-nous les considérer dans la seconde?

Comment appelle-t-on les mesures qui n'existent pas réellement ?

Comment appelle-t-on les mesures qui servent aux usages du commerce ?

Par quoi sont déterminés le nombre et la forme des mesures effectives ?

Que déterminent en outre les règlements ?

Que se réserve le Gouvernement quant aux instruments de pesage ?

Que permet la loi, afin de donner à la vente des divers objets toute la commodité que l'on peut désirer ?

Qu'est le double de chaque mesure par rapport à la mesure immédiatement supérieure ?

Comment alors les mesures sont-elles divisées ?

MESURES EFFECTIVES DE LONGUEUR.

Les mesures effectives de longueur peuvent être établies dans la forme qui convient le mieux aux usages auxquels elles sont destinées ; mais elles doivent être construites en bois, en métal, ou autre matière solide.

Ces mesures, au nombre de huit, sont :

Le *Double Décamètre.*

Le *Décamètre.*

Le *Demi - Décamètre*

Le *Double Mètre.*

Le *Mètre.*

Le *Demi-Mètre.*

Le *Double Décimètre.*

Le *Décimètre.*

Le décamètre, son double et sa moitié, destinés à la mesure des terrains, sont construits en forme de chaîne. Ils se composent de plusieurs chaînons en fer réunis par de petits anneaux (fig. 6).

On doit donner à chaque chaînon la longueur de 1, de 2 ou de 5 décimètres, et terminer le premier et le dernier par une main.

Les mesures en ruban de fil, dont on fait quelquefois usage, ne sont pas reconnues par la loi, parce qu'elles peuvent s'étendre ou se raccourcir. Il n'en est pas de même des nouvelles mesures en ruban d'acier, dont le mode de fabrication paraît présenter toutes les garanties désirables de solidité et d'exactitude.

Les mesures au-dessous du demi-décamètre (fig. 7 et 8), construites ordinairement en bois et d'une seule pièce, portent, marquées en creux, les divisions du mètre et sont garnies en métal à leurs extrémités.

Indépendamment des mesures droites, il est permis de faire des mesures brisées, pourvu que le nombre de leurs parties soit 2, 5 ou 10 (fig. 9).

Enfin, les mesures de longueur et toutes

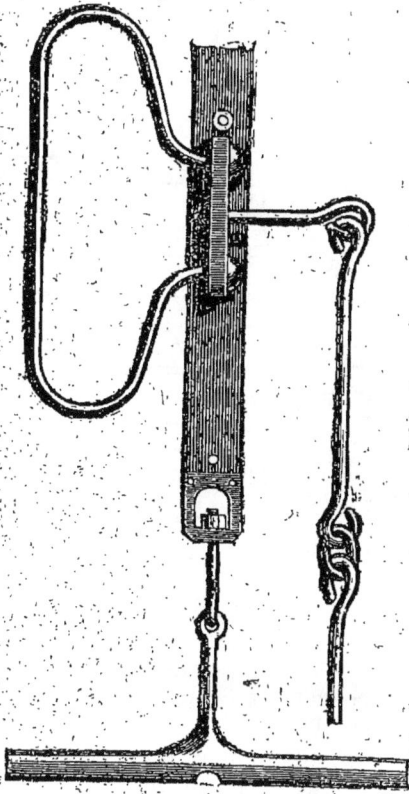

Fig. 6.

Fig. 7.

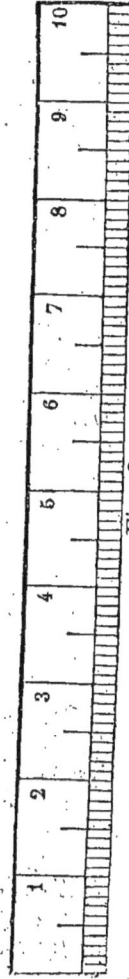

Fig. 8.

les autres mesures du système métrique, fabriquées pour le commerce, doivent porter le nom qui leur est propre, inscrit en caractères lisibles, ainsi que le nom ou la marque du fabricant.

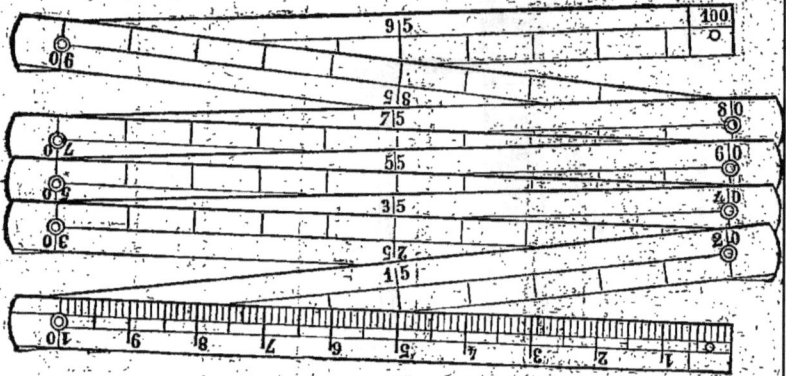

Fig. 9.

Comment peuvent être établies les mesures effectives de longueur?

En quoi ces mesures doivent-elles être construites?

Nommez les mesures effectives de longueur.

A quoi sont destinés le décamètre, son double et sa moitié?

Comment sont-ils construits?

Pourquoi les mesures en ruban de fil ne sont-elles pas reconnues par la loi comme les mesures en lame d'acier?

Comment sont marquées les divisions du mètre sur les mesures au dessous du demi-décamètre?

Que met-on aux extrémités des mesures en bois?

De combien de parties

sont formées les mesures
brisées?

Quelles inscriptions doi-

vent porter toutes les mesures du système métrique
fabriquées par le commerce?

MESURES EFFECTIVES DE CAPACITÉ
POUR LES MATIÈRES SÈCHES.

Les mesures réelles de capacité, tant pour les grains que pour les autres matières sèches, doivent être construites dans la forme d'un cylindre et avoir intérieurement le diamètre égal à la hauteur (fig. 10).

Fig. 10.

Les noms de ces mesures sont indiqués ci-après, ainsi que leurs dimensions intérieures.

NOMS DES MESURES.	HAUTEUR ET DIAMÈTRE.	
	Millimètres.	Dixièmes.
Double hectolitre............	633,	8
Hectolitre.................	503,	1
Demi-hectolitre............	399,	3
Double décalitre...........	294,	2
Décalitre.................	233,	5
Demi-décalitre............	185,	3
Double litre..............	136,	6
Litre...................	108,	4
Demi-litre...............	86,	0
Double décilitre..........	63,	4
Décilitre................	50,	3
Demi-décilitre...........	39,	9

Pour trouver les dimensions intérieures des mesures dont le diamètre est égal à la hauteur, il faut multiplier leur volume par 4, diviser le produit par 3,1416, rapport de la circonférence au diamètre, et extraire la racine cubique du quotient.

On fabrique les mesures pour les matières sèches en cuivre, en tôle ou en bois.

Les mesures en bois doivent être garnies, à leur partie supérieure, d'une bordure en tôle de fer ou de cuivre rabattue; les grandes, depuis et compris le décalitre, doivent de plus être ferrées (fig. 11).

On peut, suivant l'usage auquel les mesures

sont destinées, les garnir intérieurement de

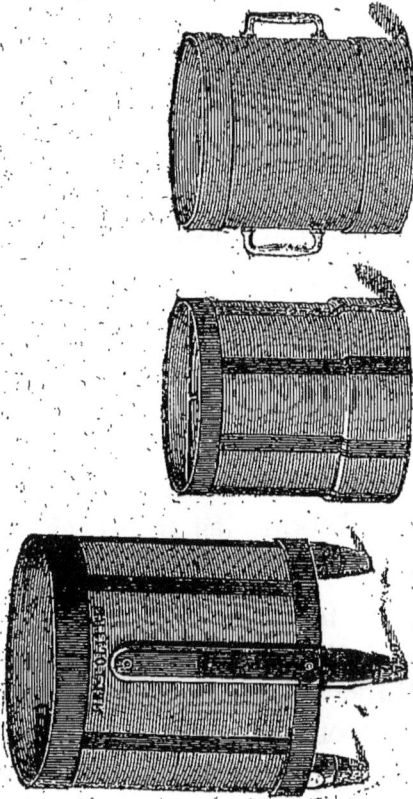

Fig. 11.

potences ou leur adapter des poignées ou des
pieds pour en faciliter le maniement.

Quelle est la forme des mesures de capacité pour les matières sèches?

Dites les noms de ces mesures.

Que faut-il faire pour trouver les dimensions intérieures des mesures dont le diamètre est égal à la hauteur?

Calculez les dimensions du double décalitre, du litre et du décilitre.

En quoi doivent être fabriquées les mesures pour les matières sèches?

Que doit-on mettre à la partie supérieure des mesures en bois?

Quelles sont les mesures qui doivent être ferrées?

Que peut-on mettre aux grandes mesures pour en faciliter le maniement?

MESURES EFFECTIVES DE CAPACITÉ
POUR LES LIQUIDES.

Les noms et la forme, affectés aux mesures de capacité pour les matières sèches, servent de règle pour la construction des mesures employées pour les liquides, depuis le double hectolitre jusqu'au demi-décalitre inclusivement. Elles peuvent être établies en cuivre, tôle, fonte ou fer-blanc, mais sous la réserve expresse de prévenir par l'étamage, ou autre procédé analogue, toute altération ou oxydation, de nature à présenter des dangers dans l'usage de ces sortes de mesures.

Les mesures, du double litre au centilitre,

doivent avoir intérieurement la hauteur double du diamètre (fig. 12). Elles sont ordinai-

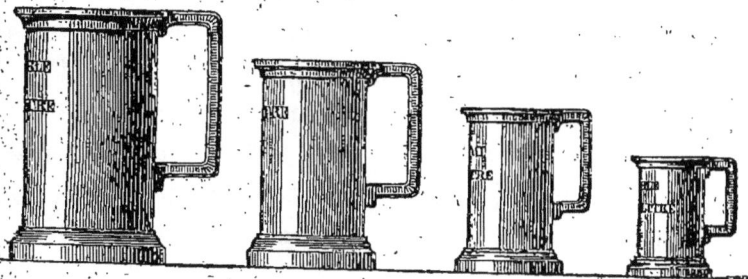

Fig. 12.

rement construites en étain. On peut les établir avec ou sans anses, ou les terminer par un rebord qui forme un bec allongé, et on les ferme

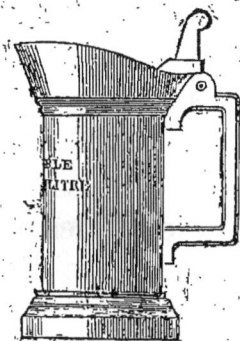

Fig. 13.

par un couvercle fixé à l'aide d'une charnière à la partie supérieure de l'anse (fig. 13).

L'étain ne peut pas être employé pur à la fabrication des mesures parce qu'il est trop cassant; il est indispensable d'y ajouter du plomb. Mais en augmentant la ductilité de l'étain, le plomb en altère la pureté, le rend plus pesant, et, ce qui est un inconvénient plus grave, lorsqu'il s'y trouve en trop grande quantité, il peut être nuisible à l'économie animale.

Il fallait donc trouver le point juste où le plomb peut être allié à l'étain pour en faire des mesures dont l'usage ne soit pas nuisible à la santé. Des expériences faites avec le plus grand soin par l'ordre du Gouvernement, ont fait connaître que l'on peut sans danger allier jusqu'à dix-huit parties de plomb avec quatre-vingt-deux parties d'étain. Les vérificateurs des poids et mesures sont chargés de veiller à ce que cette proportion soit fidèlement observée par les potiers d'étain.

Les dimensions en millimètres affectées aux mesures qui ont la hauteur double du diamètre, sont indiquées dans le tableau suivant.

NOMS DES MESURES.	DIMENSIONS INTÉRIEURES.	
	HAUTEUR.	DIAMÈTRE.
	millim.	millim.
Double litre..............	216,7	108,4
Litre.....................	172,1	86,0
Demi-litre...............	136,6	68,3
Double décilitre..........	100,6	50,3
Décilitre.................	79,9	39,9
Demi-décilitre...........	63,4	31,7
Double centilitre.........	46,7	23,4
Centilitre................	37,1	18,5

La règle, pour trouver les dimensions des mesures dont le diamètre est égal à la hauteur, sert aussi pour les mesures dont la hauteur est double du diamètre en substituant le nombre 2 au nombre 4. Le résultat donne le diamètre des mesures; en le doublant, on aura la hauteur.

Si on voulait savoir, par exemple, quel est le diamètre du litre, il faudrait multiplier son volume 0 m. cub. 001 par 2, diviser ce produit par 3,1416 et extraire la racine cubique du quotient.

Les mesures pour la vente du *lait* et des *huiles au détail* se construisent en tôle étamée ou en fer-blanc; leur forme est celle d'un cylindre dont la hauteur intérieure est égale au diamètre.

Ces mesures doivent être garnies d'une anse ou d'un crochet (fig. 14).

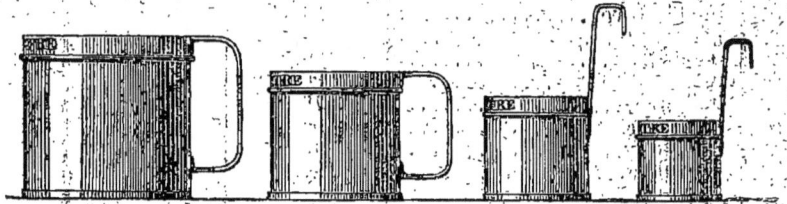

Fig. 14.

Elles doivent aussi porter deux gouttes d'étain, l'une au bord supérieur, l'autre à la jonction du fond avec le corps de la mesure, pour y recevoir les empreintes des poinçons dont il sera parlé plus tard.

La lettre M est estampée sur les mesures pour le service de l'huile à manger; la lettre B distingue de la même manière celles qui sont destinées à la vente de l'huile à brûler.

Nommez les mesures de capacité qui ont la même forme pour les liquides que pour les matières sèches.

En quoi peuvent être établies ces mesures, et sous quelle réserve?

Quelle est la forme des

mesures de capacité pour les liquides, depuis et compris le double litre jusqu'au centilitre?

En quoi ces mesures sont-elles construites ordinairement?

Comment sont-elles établies?

Pourquoi n'emploie-t-on pas l'étain seul à la fabrication des mesures?

Quels sont les inconvénients du plomb allié à l'étain?

Dans quelle proportion le plomb peut-il être allié à l'étain sans danger pour l'économie animale?

Qui est chargé de veiller à ce que cette proportion soit fidèlement observée?

Quelle est la règle pour trouver les dimensions intérieures des mesures dont la hauteur est double du diamètre?

Cherchez le diamètre et la hauteur du demi-litre et du double centilitre.

En quoi sont construites les mesures pour la vente du lait et des huiles au détail?

Quelle est leur forme?

Que faut-il adapter au corps de la mesure?

A quoi sont destinées les deux gouttes d'étain?

Que signifient les lettres M et B estampées sur les mesures pour la vente de l'huile au détail?

INSTRUMENTS DE MESURAGE

OU MEMBRURES POUR LE BOIS DE CHAUFFAGE.

Les membrures pour mesurer le bois de chauffage sont au nombre de trois, savoir:

Le *Demi-Décastère*.

Le *Double Stère*.

Le   *Stère*.

Chaque membrure doit être formée d'une *sole*, de deux *montants* et de deux *contre-fiches*; elle doit avoir de plus deux *sous-traits*.

La sole, placée horizontalement, forme la base de la membrure (fig. 15) ; les montants

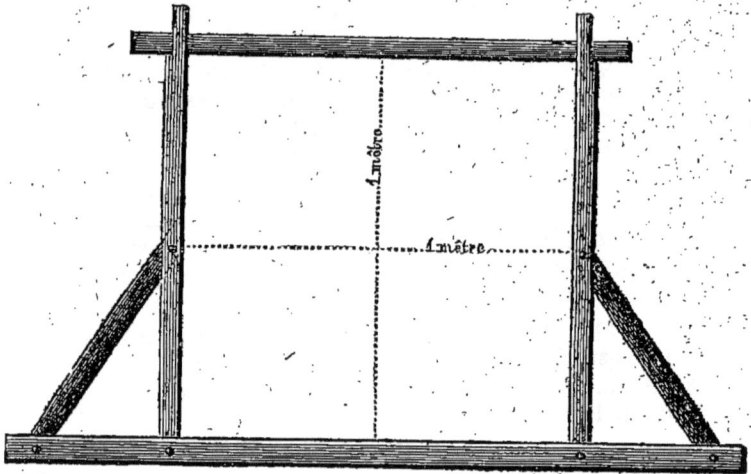

Fig. 15.

s'élèvent verticalement sur la sole; ils sont soutenus à l'extérieur par les contre-fiches. Comme le bois entassé dans les membrures ne pourrait rester en équilibre sur la sole, on met parallèlement à celle-ci et au même niveau, deux pièces en bois appelées sous-traits.

La longueur de la sole, entre les montants, est fixée ainsi qu'il suit :

Demi-Décastère   3 mètres ;
Double-Stère   2 mètres ;
Stère   1 mètre.

Pour les bois coupés à un mètre de longueur, la hauteur des montants doit être :

Demi-Décastère   1 mètre 667 millimètres ;
Double-Stère et Stère   1 mètre.

Cette hauteur varie suivant la longueur des bois, de manière à toujours reproduire un solide de 1, 2 ou 5 mètres cubes.

On obtient la hauteur des montants, lorsque les bûches ne sont pas coupées exactement à un mètre de longueur, en multipliant la longueur de la bûche par la longueur de la sole, et divisant le nombre de stères de la membrure par le produit de cette multiplication. Pour savoir, par exemple, quelle hauteur doivent avoir les montants du demi-décastère quand les bûches ont 1 mètre 14 centimètres de longueur, on divise 5 par 3,42, produit de 1,14 par 3, et l'on trouve 1 mètre 462 millimètres.

Les membrures dont on fait usage dans les magasins de bois à brûler, établis dans les villes, doivent être construites solidement; mais rien se s'oppose à ce qu'on en fabrique de plus légères, ni à ce qu'on fasse de simples *châssis* en bois ou en fer, se démontant à volonté, pour les marchands ambulants, obligés de mesurer le bois en le livrant.

Combien y a-t-il de membrures pour mesurer le bois de chauffage?

Décrivez les parties dont est formée chaque membrure.

Quelle est la longueur de la sole entre les montants, pour le demi-décastère, le double stère et le stère?

Quelle doit être la hauteur des montants dans le demi-décastère, le double stère et le stère, lorsque les bois sont coupés à un mètre de longueur?

Que devient cette hauteur lorsque les bûches n'ont pas exactement un mètre?

Comment obtient-on la hauteur des montants lorsque les bois ne sont pas coupés à un mètre?

Dans les pays où les bûches ont 1 mètre 20 centimètres de longueur, quelle doit être la hauteur des montants de chaque membrure?

Comment peuvent se faire des instruments de mesurage pour les marchands ambulants?

POIDS EN FER.

Les poids adoptés pour peser les marchandises sont en fer ou en cuivre.

Les poids en fer sont formés de trois parties distinctes : le *corps du poids*, l'*anneau* et le *lacet*.

Le corps du poids est en fonte de fer, l'anneau et le lacet sont en fer doux forgé.

Ces poids doivent contenir dans leur cavité inférieure une quantité de plomb nécessaire à leur ajustage et à l'apposition des poinçons de vérification et de la marque du fabricant.

Les noms des poids en fer sont indiqués ci-après, ainsi que la dénomination abréviative qui doit être inscrite sur chacun d'eux en caractères lisibles.

NOMS DES POIDS.	DÉNOMINATIONS abréviatives qui doivent être inscrites sur la face supérieure.
50 kilogrammes..............	50 kilog.
20 kilogrammes..............	20 kilog.
10 kilogrammes..............	10 kilog.
5 kilogrammes..............	5 kilog.
Double kilogramme..........	2 kilog.
Kilogramme.................	1 kilog.

NOMS DES POIDS.	DÉNOMINATIONS abréviatives qui doivent être inscrites sur la face supérieure.
Demi-Kilogramme.............	1/2 kilog. 5 hectog.
Double hectogramme...........	2 hectog.
Hectogramme.................	1 hectog.
Demi-hectogramme...........	1/2 hectog.

On donne aux poids en fer deux formes différentes.

Les plus petits, depuis le demi-hectogramme jusqu'à 10 kilogrammes, sont établis

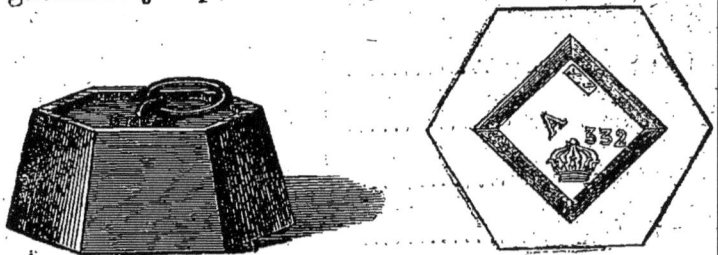

Fig. 16.

en forme de pyramide tronquée, ayant pour base un hexagone régulier (fig. 16).

Les poids de 20 et de 50 kilogrammes sont établis en forme de pyramide tronquée, arrondie sur les angles, et ayant pour base un parallélogramme rectangle (fig. 17).

Fig. 17.

La difficulté qu'on éprouve à manier les poids de 50 kilogrammes en rend l'usage assez rare. On préfère se servir, pour les fortes pesées, d'un nombre plus considérable de poids de 20 kilogrammes.

De combien de parties distinctes sont formés les poids en fer?

En quoi sont formés le corps du poids, l'anneau et le lacet?

Que contiennent ces poids dans leur cavité inférieure?

Nommez la série des poids en fer.

Quelle est leur forme?

Pourquoi fait-on peu usage des poids de 50 kilogrammes, et comment y supplée-t-on?

5

POIDS EN CUIVRE.

Les poids effectifs en cuivre sont indiqués ci-après, ainsi que les dénominations qui leur sont affectées.

NOMS DES POIDS.	DÉNOMINATIONS qui doivent être inscrites sur la face supérieure.
20 kilogrammes..............	20 kilogrammes.
10 kilogrammes..............	10 kilogrammes.
5 kilogrammes..............	5 kilogrammes.
Double kilogramme..........	2 kilogrammes.
Kilogramme................	1 kilogramme.
Demi-kilogramme...........	500 grammes.
Double hectogramme........	200 grammes.
Hectogramme..............	100 grammes.
Demi-hectogramme.........	50 grammes.
Double décagramme........	20 gram.
Décagramme..............	10 gram.
Demi-décagramme.........	5 gram.
Double gramme...........	2 gram.
Gramme................	1 gram.
Demi-gramme...........	5 décig.
Double décigramme........	2 décig.
Décigramme............	1 décig.
Demi-décigramme.........	5 C. G.
Double centigramme.......	2 C. G.
Centigramme...........	1 C. G.
Demi-centigramme........	5 M. G.
Double milligramme.......	2 M.
Milligramme...........	1 M.

Les poids au-dessous du gramme se font

avec des lames de laiton mince, coupées car-
rément (fig. 18).

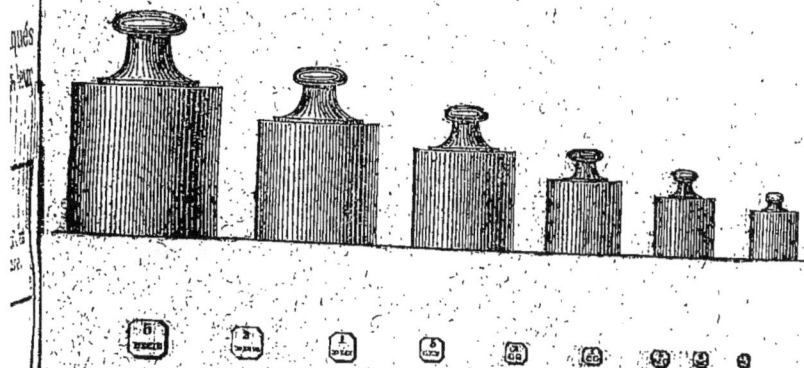

Fig. 18.

La forme des autres poids en cuivre est
celle d'un cylindre surmonté d'un bouton
(fig. 18); la hauteur du cylindre est égale à
son diamètre pour tous les poids, jusqu'à
celui de 5 grammes inclusivement; la hauteur
de chaque bouton est égale à la moitié du
diamètre du cylindre qui le supporte. Ces
dispositions ne sont pas applicables aux poids
de *un* et de *deux* grammes, auxquels on
donne un diamètre plus fort que la hauteur,
afin d'obtenir la place nécessaire pour y gra-
ver le nom du poids.

Les poids cylindriques sont construits en cuivre jaune fondu. Les plus petits, jusqu'aux poids de 100 grammes inclusivement, doivent être massifs, les autres peuvent contenir dans.

Fig. 19.

leur intérieur une certaine quantité de plomb, mais ils doivent toujours présenter le même volume.

Il est permis de construire des poids en cuivre de 100 grammes, de 200 grammes, de 500 grammes et de 1 kilogramme, dans la forme de godets coniques, qui s'empilent les uns dans les autres, et se trouvent ainsi renfermés dans une boîte qui est elle-même un poids légal (fig. 19).

Les poids dont se compose le kilogramme
ainsi divisé sont les suivants :

Fig. 20.

1 poids de 500 grammes, en forme de
boîte ;

1 poids de 200 grammes ;
2 poids de 100 grammes ;
1 poids de 50 grammes ;
1 poids de 20 grammes ;
2 poids de 10 grammes ;
1 poids de   5 grammes ;
2 poids de   2 grammes ;
1 poids de   1 gramme.

Avec ces douze poids on peut représenter un nombre quelconque de grammes depuis 1 jusqu'à 1000.

Les poids divisés à godets sont peu répandus ; on fait usage le plus souvent de poids divisés à bouton, montés sur socle, ou placés dans des boîtes en bois (fig. 20).

Nommez la série des poids en cuivre.

Avec quoi fait-on les poids au-dessous du gramme ?

Quelle est la forme des autres poids en cuivre ?

Quelles sont leurs dimensions ?

Pourquoi donne-t-on aux poids de 1 et 2 grammes un diamètre plus fort que la hauteur ?

Quelle espèce de cuivre emploie-t-on pour la construction des poids cylindriques ?

Quels sont ceux qui doivent être massifs et ceux qui peuvent être creux ?

Que faut-il observer dans la fabrication des poids creux ?

Quels sont les poids qu'il est permis de construire en forme de godets coniques ?

De quels poids se com-
pose le kilogramme divisé à
godets?

Avec les 12 poids du kilogramme à godets, peut-on
faire toutes les pesées depuis 1 gramme jusqu'à
1000?

Quels poids faut-il pour
les pesées de 6, 15, 32, 349
et 898 grammes?

Les poids divisés à godets
sont-ils bien répandus?

De quels poids divisés
fait-on usage le plus souvent?

INSTRUMENTS DE PESAGE.

Les principaux instruments de pesage sont :
1° Les *balances à bras égaux;*
2° Les *balances-bascules;*
3° Les *romaines.*

Les premiers de ces instruments sont les
plus parfaits; ils se composent d'un *fléau*
partagé par un axe, ou *couteau*, en deux parties égales, appelées *bras;* de deux *bassins*, ou
plateaux, suspendus aux extrémités des bras
du fléau; et d'une *colonne* qui forme le pied
de l'instrument (fig. 21). Quelquefois la colonne est remplacée par une *chape* au moyen
de laquelle on suspend les balances (fig. 22).
Une aiguille, placée au milieu du fléau, indique
les mouvements des bassins en s'inclinant à
droite et à gauche. Dans le cas d'équilibre,

l'aiguille, après plusieurs oscillations, doit conserver une position verticale.

Les balances doivent être *oscillantes* et *sensibles*; leur sensibilité est fixée à un deux-millième au moins du poids d'une portée.

Fig. 21.

On reconnaît qu'une balance est oscillante, lorsque, l'addition d'un petit poids l'ayant fait incliner d'un côté, on la verra remonter, puis descendre, remonter encore et continuer ce mouvement jusqu'à ce qu'enfin elle prenne son repos dans une situation un peu inclinée du côté où l'on aura mis le poids. Une balance que l'addition d'un très-petit poids ferait

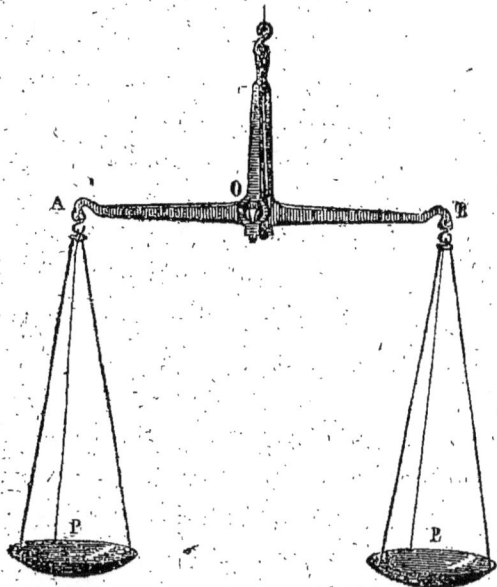

Fig. 22.

tomber tout à fait, sans qu'elle pût se relever, bien qu'on retirât ce petit poids, serait du genre de celles qu'on appelle *folles*. C'est un défaut dans lequel tombent quelquefois les balanciers, lorsqu'ils cherchent à donner une grande sensibilité à leurs instruments.

Pour s'assurer si une balance a la sensibilité voulue, on la chargera des plus forts poids qu'elle est destinée à porter, et lorsque l'équilibre sera établi, on ajoutera à l'un des bassins la deux-millième partie du poids qui y est placé : c'est-à-dire que si la balance est chargée, par exemple, de deux kilogrammes de chaque côté, on placera dans l'un des bassins un gramme.

Si alors la balance ne s'incline pas sensiblement, et, après quelques oscillations, n'indique pas cette augmentation de poids d'un des bassins, elle sera du genre qu'on appelle *sourdes* et ne devra pas être employée pour peser des marchandises de prix.

L'égalité des bras du fléau est une autre qualité requise pour les balances. On peut reconnaître facilement si les bras d'une balance sont égaux. Pour cela, après avoir reconnu l'horizontalité du fléau, on charge ses plateaux de manière à établir l'équilibre, puis on met la charge du plateau de gauche dans celui de droite : les bras sont égaux si, après ce changement, l'équilibre existe encore.

Une balance à bras inégaux peut faire connaître très-exactement le poids d'un corps, pourvu qu'elle soit sensible, au moyen du procédé suivant, appelé *méthode de la double pesée.*

On place le corps à peser dans l'un des bassins de la balance; on fait sa *tare* en mettant dans le bassin opposé autant de menus grains de plomb, ou autre matière pesante, qu'il en faut pour rendre le fléau horizontal; après quoi on enlève le corps du bassin et on lui substitue les poids nécessaires pour rétablir l'équilibre. Le poids du corps sera représenté par la somme des poids qu'on aura mis à sa place.

La double pesée, prenant beaucoup plus de temps que le procédé ordinaire, ne peut être employée que pour les objets d'un grand prix, ou avec une balance reconnue très-fausse, ou bien encore dans des opérations scientifiques, qui demandent une rigoureuse exactitude.

On divise les balances à bras égaux en balances de *magasin*, balances de *comptoir*, et balances d'*essai*. Les premières, d'une grande dimension, se placent ordinairement dans les magasins des commerçants en gros; les deuxièmes, sur les comptoirs des marchands en détail; et les essayeurs font usage des dernières, très-petites et douées d'une grande sensibilité, pour peser les matières précieuses d'or et d'argent.

Depuis quelque temps on fait un fréquent usage des balances système Roberval, et des balances-pendules Béranger. Ces balances diffèrent principalement des balances ordinaires en ce qu'elles ont les plateaux placés au-dessus du fléau, au lieu de les avoir au-dessous, supportés par des chaînes qui gênent toujours dans les opérations de la pesée.

La balance-bascule, appelée aussi, du nom de son inventeur, balance Quintenz, permet, par une heureuse combinaison, de faire équilibre au poids du corps à peser avec un poids dix fois moindre. Cet instrument tout moderne simplifie le travail des pesées et diminue la dépense d'établissement (fig. 23).

Ces sortes de balances, dont la portée ne peut être au-dessous de 100 kilogrammes, sont autorisées exclusivement dans le commerce en gros.

Les balances-bascules doivent être oscillantes, et établies de manière à donner, quel

que soit le poids dont on charge le tablier,
un rapport exact de 1 à 10.

La sensibilité de ces instruments doit être
au moins d'un millième du poids d'une portée.

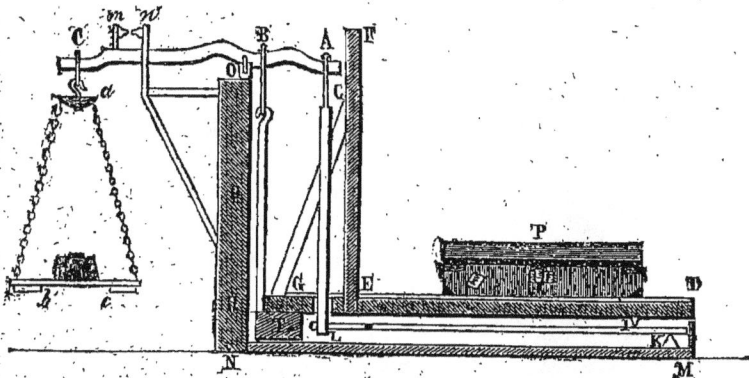

Fig. 23.

La romaine (fig. 24), ainsi nommée parce
qu'elle était employée par les Romains, est
un instrument qui fait en même temps fonc-
tion de balance et de poids. Elle se compose
d'un fléau inflexible, divisé par un axe en
deux bras inégaux, d'une chape, et d'une aiguille qui sert d'index.

À l'extrémité du petit bras est suspendu un
crochet, ou un bassin, destiné à supporter les
marchandises ou autres objets qu'on veut peser;

le long de l'autre bras, divisé en parties égales,
glisse un poids constant que l'on approche ou
que l'on éloigne du point d'appui, jusqu'à ce
qu'il fasse équilibre au poids du corps quelconque mis de l'autre côté.

Fig. 24.

Des chiffres, gravés près des divisions du
long bras, indiquent les poids correspondant
à chaque division quand le poids équilibrant
y est amené.

On construit aussi des romaines qui ont

deux points de suspension, au moyen desquels on a un côté fort et un côté faible.

Les romaines doivent être oscillantes. Toute autre espèce est prohibée.

La sensibilité pour ces instruments a été fixée à un cinq-centième au moins du poids d'une portée.

Dans les usages domestiques la romaine est très-commode, parce que, à l'aide d'un seul poids, on peut peser des corps de poids très-inégaux, sans éprouver aucun embarras.

La romaine et la bascule réunies forment la bascule-romaine, qui a l'avantage de prendre très-peu de temps pour les pesées.

Outre les balances, les bascules et les romaines dont nous venons de parler, il existe d'autres instruments de pesage qui ont été autorisés par le Gouvernement pour être employés à des usages plus ou moins généralisés. Quelques-uns de ces instruments présentent dans la longueur des leviers des modifications telles, qu'on obtient, par exemple, le rapport de 1 à 100 et de 1 à 1000, au lieu de celui de 1 à 10, que donne la bascule Quintenz.

Quels sont les principaux instruments de pesage? Quels sont les plus parfaits?

De quoi se composent les balances à bras égaux ?

A quoi servent la chape et l'aiguille ou index ?

Quelles sont les qualités requises pour les balances ?

A combien est fixée leur sensibilité ?

Comment reconnaît-on qu'elles sont oscillantes ?

A quel signe reconnaît-on qu'elles sont folles ?

Comment s'assure-t-on qu'une balance a la sensibilité voulue ?

De quel genre sont les balances qui ne sont pas suffisamment sensibles ?

Suffit-il que les balances soient oscillantes et sensibles ?

Comment s'assure-t-on de l'égalité des bras du fléau ?

Par quelle méthode trouve-t-on exactement le poids des corps avec des balances à bras inégaux ?

Comment se fait la double pesée ?

Dans quel cas l'emploie-t-on ?

Comment se divisent les balances à bras égaux ?

En quoi les balances Roberval et Béranger diffè-rent-elles des balances ordinaires ?

Pourquoi les balances système Roberval et système Béranger sont-elles plus commodes que les autres ?

Qu'appelle-t-on balance-bascule ou balance Quintenz ?

Quels sont les avantages de cet instrument ?

Quelle doit être la plus faible portée de ces sortes de balances ?

Pour quelle espèce de commerce sont-elles exclusivement autorisées ?

Quelles qualités doivent-elles réunir ?

A combien est fixée leur sensibilité ?

Décrivez la romaine.

Les romaines qui n'oscillent pas sont-elles autorisées ?

A combien est fixée leur sensibilité ?

A quels usages sont-elles employées avantageusement ?

Qu'est-ce que la bascule-romaine ?

Quel avantage offre-t-elle ?

Y a-t-il d'autres instruments de pesage autorisés par le Gouvernement

MONNAIES EFFECTIVES.

L'État seul a le droit de battre monnaie. Il confie la fabrication des espèces à un directeur qui s'en charge à ses risques et périls, moyennant un droit de 1 franc 50 centimes par kilogramme d'argent monnayé, et 6 francs 70 centimes par kilogramme d'or.

Il y a en France quatorze pièces de monnaie légale : cinq en or, cinq en argent et quatre en bronze (fig. 25).

Le métal dont ces pièces sont formées, leur valeur, leur poids et leur diamètre sont marqués dans le tableau suivant :

NATURE du métal.	VALEUR des pièces.	POIDS.	DIAMÈTRE.
		gram. millig.	millim.
	100 francs......	32,258	35
	50 francs......	16,129	28
Or........	20 francs......	6,452	21
	10 francs......	3,226	19
	5 francs......	1,613	17
	5 francs......	25,	37
	2 francs......	10,	27
Argent.....	1 franc......	5,	23
	» 50 centimes..	2,5	18
	» 20 centimes..	1,	15
	» 10 centimes..	10,	30
Bronze.....	» 5 centimes..	5,	25
	» 2 centimes..	2,	20
	» 1 centime...	1,	15

Les pièces de monnaie étant peu sujettes à variation, pourraient servir, au besoin, pour

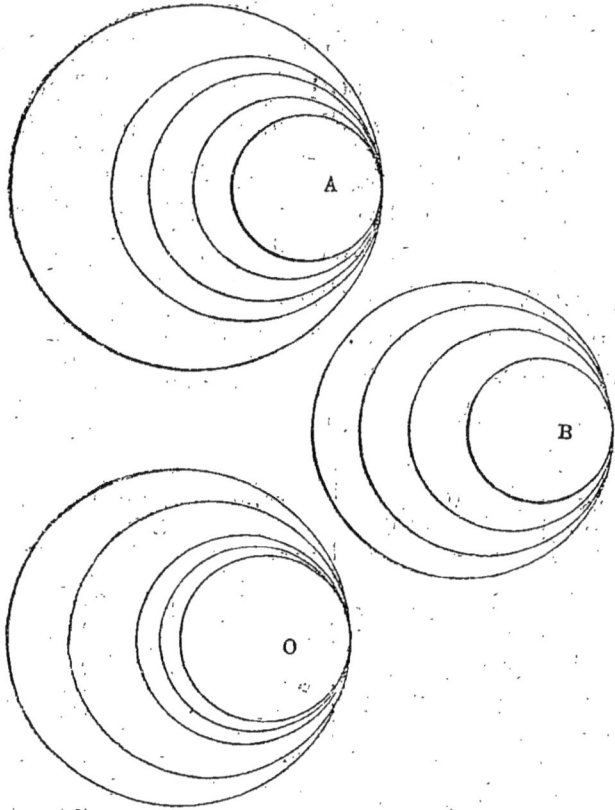

Fig. 25.

mesurer les longueurs. Quand les dimensions sont bien observées, 23 pièces de 20 francs et

25 pièces de 10 francs en or, 20 pièces de 2 francs et 20 pièces de 1 franc en argent ou 40 pièces de 5 centimes en bronze, placées à la suite les unes des autres, donnent juste la longueur du mètre.

Les payements doivent être faits en pièces d'or ou d'argent. On n'est tenu de recevoir la monnaie de bronze que pour l'appoint de la pièce de 5 francs, c'est-à-dire jusqu'à concurrence de 4 francs 99 centimes. Les billets de 1000 francs, 500 francs, 200 francs, 100 francs et 50 francs, émis par la Banque de France, n'ont pas cours forcé et peuvent aussi être refusés.

Les particuliers ont-ils le droit de battre monnaie?

A qui l'État confie-t-il la fabrication des espèces?

Quels sont les droits perçus par le directeur des monnaies, par kilogramme d'or et d'argent?

Combien y a-t-il en France de pièces de monnaie légale?

Dites leur valeur, leur poids et leur diamètre.

A quoi pourraient servir, au besoin, les pièces de monnaie?

Avec quelles pièces en or, en argent ou en bronze peut-on faire la longueur du mètre?

En quoi doivent être faits les payements?

Jusqu'à concurrence de quelle somme est-on seulement tenu de recevoir la monnaie de bronze?

Les billets de la Banque de France peuvent-ils être refusés?

DE LA VÉRIFICATION ET DU POINÇONNAGE.

Les poids et mesures neufs, ainsi que les instruments de pesage et de mesurage, ne peuvent être exposés en vente et livrés au public qu'après avoir été vérifiés et marqués du poinçon de l'État qui en garantit l'exactitude.

C'est au bureau de la vérification des poids et mesures de l'arrondissement que se font ces deux opérations.

Le vérificateur des poids et mesures examine d'abord si les objets qu'on lui présente sont solidement établis, et si, en les construisant, les fabricants se sont conformés aux lois et règlements qui régissent la matière; il s'assure ensuite de leur justesse, en les comparant aux étalons dont chaque bureau de vérification est pourvu. Ces étalons, vérifiés et poinçonnés au dépôt des prototypes établi près du ministère de l'agriculture, du commerce et des travaux publics, doivent être vérifiés de nouveau au même dépôt, une fois en dix ans.

Après cet examen, le vérificateur applique sur les instruments réguliers, présentés à la vérification, un poinçon représentant la couronne impériale, et place, à côté de cette marque, le numéro d'ordre de son bureau de vérification.

Indépendamment de la vérification première, les poids, mesures, balances, etc., à l'usage des commerçants, sont soumis, tous les ans ou tous les deux ans, selon l'importance des communes, à une vérification périodique, pour reconnaître si la conformité avec les étalons n'a pas été altérée. La vérification périodique, qui se fait sur les lieux mêmes, est constatée par l'apposition d'un second poinçon, représentant une des lettres de l'alphabet. Cette lettre change tous les ans.

La vérification première est faite gratuitement.

La vérification périodique seule donne lieu à un droit destiné à couvrir les frais d'administration.

La perception des droits de vérification est faite, comme celle des contributions directes, par les agents du trésor public.

Les pièces d'or et d'argent, nouvellement fabriquées, sont soumises à une double vérification, par des agents spéciaux. Elles ne sont versées dans la circulation qu'après avoir été reconnues *droites de titre et de poids.*

La vérification du poids est seule nécessaire pour les pièces de bronze.

Comme il serait difficile de faire des mesures exactement conformes aux étalons, les règlements tolèrent une légère différence. La tolérance s'étend indistinctement sur toutes les mesures du système métrique, sans cependant être uniforme. Par exemple, elle est d'un centième de sa capacité pour le litre en bois, tandis qu'elle n'est que d'un cinq-centième pour le litre en étain; l'erreur tolérée pour un poids en fer de 5 kilogrammes est de 4 grammes, et elle n'est que d'un demi-gramme pour un poids semblable lorsqu'il est en cuivre.

Les pièces d'or et d'argent ont deux tolérances : une pour le poids et une autre pour le titre. Il y a aussi une tolérance pour le titre des mesures en étain.

Quelle formalité faut-il remplir avant d'exposer en vente ou de livrer au public les poids et mesures neufs et les instruments de pesage et de mesurage?

Où se fon la vérification et le poinçonnage de ces objets?

A quel examen se livre le vérificateur lorsqu'on les lui présente?

Combien d'années peut-on laisser écouler avant de vérifier de nouveau les étalons des bureaux de vérification des poids et mesures?

Que fait le vérificateur après avoir examiné les objets qui lui ont été soumis?

Comment s'appelle la vérification des instruments nouvellement fabriqués?

Qu'est-ce que la vérification périodique?

Où se fait-elle?

Par quoi est-elle constatée?

A quoi sont destinés les droits de la vérification périodique?

Comment sont-ils perçus?

A quoi sont soumises les pièces de monnaie avant d'être versées dans la circulation?

Dites ce que vous savez sur la tolérance.

Combien les pièces d'or et d'argent ont-elles de tolérance?

N'y a-t-il que les pièces d'or et d'argent qui aient une tolérance pour le titre?

MANIÈRE DE PESER ET DE MESURER.

Le mesurage des longueurs est une des opérations pratiques les plus simples du système légal. Elle consiste à porter successivement le décamètre, le mètre, etc., sur l'objet à mesurer, en ayant soin de suivre une ligne droite, et de replacer très-exactement une extrémité de la mesure au point où se trouvait l'autre extrémité.

Cette manière de mesurer n'est pas employée pour évaluer la longueur des étoffes.

Comme elles ont besoin d'être convenablement tendues, ce sont les étoffes elles-mêmes que l'on porte sur la mesure, qui, dans ce cas, est un mètre ou un demi-mètre, formé d'une seule pièce.

Pour déterminer l'étendue des surfaces, et pour évaluer celle des volumes autrement qu'avec les mesures effectives de capacité ou les membrures pour le bois de chauffage, il faut mesurer certaines de leurs dimensions avec les mesures linéaires, et effectuer des opérations qu'enseigne la géométrie, et que nous exposerons succinctement à la suite du système métrique.

Le mesurage des liquides n'offre, pour ainsi dire, aucune difficulté; celui des grains demande au contraire une grande attention, et les résultats qu'il donne sont bien moins rigoureux.

La manière de mettre le grain dans la mesure suffit seule pour fausser l'opération du mesurage, et faire naître des différends d'autant plus regrettables qu'il peut y avoir bonne foi de la part du vendeur et de l'acheteur. On doit remplir la mesure de la même manière pour la vente que pour l'achat, et passer la radoire immédiatement et sans secousse. Il faut éviter surtout de tasser le grain dans la mesure en la remuant. Lorsqu'elle est frappée vivement et à plusieurs reprises, il s'opère un tassement qui peut être évalué, en moyenne, à 5 pour 100, c'est-à-dire que 100 litres non tassés ne valent que 95 litres tassés.

Près des parois de la mesure, les grains s'arrangent autrement qu'au milieu et il en résulte une perte de place d'autant plusgrande que la mesure est plus petite et que la graine est plus grosse. L'expérience démontre que sur 20 litres de haricots, mesurés litre par litre, il y a environ 6 décilitres de moins que si on les avait mesurés d'un seul coup avec le double décalitre; ce qui fait une différence de 3 litres par hectolitre, au préjudice de l'acheteur. Une différence bien plus grande, mais en sens contraire, se fait remarquer lorsque, après avoir mesuré séparément des graines de diverses grosseurs, et telles que les plus petites puissent se loger facilement dans les vides formés par les plus grosses, on les mesure de nouveau après les avoir mélangées. On trouve, par exemple, que 3 litres de pois et 2 litres de millet ne donnent plus que 4 litres, au lieu de 5, après le mélange.

En empilant les bûches dans les membru-res qui servent à estimer le volume des bois de chauffage, on doit observer de les placer de manière à laisser entre elles le moins de vides possible. Cette opération, pour être bien faite, doit être confiée à un mesureur juré ou à toute autre personne exercée.

La vente du bois à brûler, des huiles, des grains et de la plupart des matières sèches se fait plus souvent au poids qu'à la mesure, principalement dans le commerce en gros.

Le mesurage du poids des corps est le plus important et le plus exact de tous; il prend le nom particulier de pesage.

Pour peser avec des balances à bras égaux, on place l'objet dont on veut connaître le poids, sur un des plateaux de la balance, et l'on met sur l'autre plateau les poids néces-saires pour établir l'équilibre. Je suppose qu'il faille les poids de 10 kilogrammes, 5 ki-logrammes, 2 kilogrammes, 100 grammes, 20 grammes et 5 grammes, l'objet pèsera la somme de tous ces poids, ou 17 kilogrammes 125 grammes.

Si, au lieu de se servir d'une balance à bras égaux, on faisait usage d'une bascule décuple, et qu'il fallût employer les mêmes poids pour obtenir l'équilibre, l'objet pèserait alors 10 fois 17 kilog. 125 ou 171 kilog. 25.

On n'éprouvera aucune difficulté pour peser avec la romaine. L'équilibre est indiqué dans cet instrument par une aiguille placée entre les deux montants de la chape, et les différents poids sont marqués en chiffres sur le grand bras.

Les balances doivent être suspendues à une hauteur convenable, au-dessus du sol ou de la table qui les supporte, afin qu'elles puissent osciller librement.

Avant de se servir de la bascule, il faut la placer horizontalement, et mettre les deux index de niveau avec de la grenaille de plomb ou toute autre tare.

On évitera de charger les balances à bras égaux et les balances-bascules de poids plus considérables que ceux qu'elles sont destinées à porter, de crainte de les fausser ou d'égrener les couteaux. On évitera également de faire les petites pesées avec des instruments d'une grande portée, parce que les poids qu'ils accuseraient ne seraient pas suffisamment exacts.

La valeur, qui a pour unité de mesure le franc, ne peut pas se déterminer par des procédés semblables aux précédents ; on ne peut même recourir à aucun moyen rigoureux. Le prix commercial des objets est fondé en général sur leur utilité ; il est très-variable. Il augmente ou diminue selon que les objets sont rares ou abondants, demandés ou offerts.

L'or et l'argent étant non-seulement des signes de valeur, mais aussi des marchandises susceptibles de hausse et de baisse, il arrive, d'un autre côté, que la rareté ou l'abondance, la demande ou l'offre de ces métaux précieux, font augmenter ou diminuer la valeur des monnaies, et produisent, par contre-coup, dans le prix des objets, des différences en sens contraire.

Comment opère-t-on pour mesurer la longueur des objets ?

Procède-t-on de la même manière pour évaluer la longueur des étoffes ?

Que faut-il faire pour déterminer les surfaces et les volumes avec les mesures linéaires ?

Le mesurage des liquides offre-t-il des difficultés ?

Et celui des grains ?

Que faut-il observer dans le mesurage des grains ?

Qu'arrive t-il lorsqu'une mesure pleine de grains est frappée vivement et à plusieurs reprises ?

Est-il indifférent de mesurer d'un seul coup avec une grande mesure ou d'y revenir à plusieurs reprises avec une plus petite?

Quelle différence trouve-t-on en mesurant 20 litres de haricots, d'abord avec le double décalitre, et puis litre par litre?

Obtient-on le même résultat en mesurant séparément des graines de diverses grosseurs et en les remesurant après le mélange?

Combien 3 litres de pois et 2 litres de millet donnent-ils de litres après avoir été mélangés?

Que doit-on observer en empilant des bûches dans les membrures pour le bois de chauffage?

A qui cette opération doit-elle être confiée pour être bien faite?

La vente du bois à brûler, des huiles, des grains et autres matières sèches se fait-elle toujours à la mesure?

Quelle est, des diverses manières de mesurer, la plus importante et la plus exacte de toutes?

Comment fait-on pour peser avec des balances à bras égaux?

Quels poids devrait-on mettre sur le plateau d'une bascule décuple pour faire des pesées de 50, 80, 125 264 et 419 kilogrammes?

Éprouve-t-on quelque difficulté pour peser avec la romaine?

Qu'arriverait-il si les balances ordinaires n'étaient pas suspendues à une hauteur convenable au-dessus du sol ou de la table qui les supporte?

Que faut-il faire avant de se servir de la bascule?

A quoi s'expose-t-on en chargeant les balances et les bascules de poids plus considérables que ceux qu'elles sont destinées à porter?

Pourquoi ne doit-on pas faire les petites pesées avec des instruments d'une grande portée?

La valeur des objets peut-elle se déterminer par des procédés semblables aux précédents?

Quelles sont les causes principales qui font augmenter ou diminuer le prix commercial des objets?

PÉNALITÉ.

Les infractions en matière de poids et mesures sont punies, selon leur gravité, de l'amende ou de la prison, et quelquefois de l'une et de l'autre de ces peines.

A l'amende et à la prison, il faut ajouter les dépens ou frais occasionnés par la poursuite du procès, et la confiscation des objets saisis.

La loi interdit dans les actes publics, ainsi que dans les affiches et les annonces, toutes dénominations de poids et mesure autres que celles du système légal.

Elle les interdit également dans les actes sous-seing privé, les registres de commerce, et autres écritures privées, produites en justice.

Les officiers publics contrevenants sont passibles d'une amende de 20 francs, qui est recouvrée sans contrainte, comme en matière d'enregistrement.

L'amende est de 10 francs pour les autres contrevenants; elle est perçue pour chaque acte ou écriture sous signature privée; quant aux registres de commerce, ils ne donnent lieu qu'à une seule amende pour chaque contestation, dans laquelle ils sont produits.

La possession et l'usage de poids et mesures différents de ceux que la loi a établis, constituent une *contravention*; la possession et l'usage de faux poids et de fausses mesures, constituent un *délit*.

La connaissance des contraventions est attribuée aux tribunaux de simple police, et celles des délits aux tribunaux correctionnels. Les *crimes* sont de la compétence des cours d'assises.

Les commerçants, entrepreneurs et industriels, qui ont des poids et mesures autres que ceux du système légal, ou des poids et mesures du système légal non poinçonnés, dans leurs magasins, boutiques, ateliers ou maisons de commerce, ou dans les halles, foires ou marchés, sont punis, comme ceux qui les emploient, d'une amende de 11 à 15 fr. inclusivement.

Sont également punis d'amende depuis 1 franc jusqu'à 5 francs ceux qui ont contrevenu aux règlements sur les poids et mesures faits par l'autorité administrative.

Les détenteurs sans motifs légitimes, de poids et mesures faux ou autres appareils inexacts servant au pesage et au mesurage, sont punis d'une amende de 16 à 25 francs et d'un emprisonnement de six jours à dix jours, ou de l'une de ces deux peines seulement.

Mais s'ils avaient trompé ou tenté de tromper sur la quantité de la chose livrée, par l'usage de ces poids et mesures faux ou de ces instruments inexacts, ils seraient punis de l'emprisonnement pendant trois mois au moins, un an au plus, et d'une amende qui ne pourrait excéder le quart des restitutions et dommages-intérêts, ni être au-dessous de 50 francs. -

La fabrication, ou l'apposition sur des poids ou des mesures, d'un faux poinçon de vérification est un crime puni de la reclusion.

Quiconque contrefait ou altère les monnaies d'or ou d'argent ayant cours légal en France, ou participe à l'émission de monnaies contrefaites ou altérées, est puni des travaux forcés à perpétuité.

Toutefois, ces diverses peines peuvent être

modifiées par les tribunaux; la loi leur permet de les augmenter, dans une certaine limite, lorsqu'il y a récidive, et de les diminuer si les circonstances leur paraissent atténuantes.

Quelles sont les peines en matière de poids et mesures?

De quoi sont passibles les officiers publics qui emploient des dénominations de poids et mesures autres que celles du système métrique?

De combien est l'amende pour les autres contrevenants?

Que constituent la possession et l'usage des poids et mesures différents de ceux que la loi a établis?

Et la possession et l'usage de faux poids et de fausses mesures?

Devant quel tribunal sont traduits les contrevenants? les délinquants?

Quel est le tribunal qui juge les crimes?

Quels sont ceux qui s'exposent à une amende de 11 à 15 francs?

De combien est l'amende pour ceux qui ont contrevenu aux règlements faits par l'autorité administrative?

De quoi sont punis les détenteurs de poids et mesures faux ou autres appareils inexacts?

Et ceux qui avec ces instruments trompent ou tentent de tromper sur la quantité de la chose livrée?

De quoi est punie la fabrication, ou l'apposition sur des poids ou des mesures, d'un faux poinçon de vérification?

Cette infraction est-elle une contravention, un délit ou un crime?

Quelle peine encourent ceux qui altèrent ou contrefont les monnaies d'or ou d'argent?

Les diverses peines que nous venons d'énumérer peuvent-elles être modifiées par les tribunaux?

CONSEILS AUX VENDEURS ET AUX ACHETEURS.

Les maires et officiers de police font, dans leurs circonscriptions respectives, de fréquentes visites à l'effet de s'assurer de l'exactitude et du fidèle usage des poids et mesures, et constatent les contraventions. Les vérificateurs des poids et mesures exercent une surveillance non moins active dans l'étendue de l'arrondissement de vérification pour lequel ils sont commissionnés et assermentés. Mais cette double surveillance, impuissante d'ailleurs pour détruire tous les abus, n'enlève pas aux acheteurs le droit de s'assurer par eux-mêmes si les instruments dont se servent les marchands sont d'une rigoureuse exactitude.

Après avoir examiné la qualité de la marchandise et en avoir débattu le prix, l'acheteur doit surveiller avec soin le pesage et le mesurage, et lorsque le prix et la quantité sont bien déterminés, il doit en calculer lui-même le montant, ne serait-ce que pour redresser les erreurs involontaires que pourrait faire le vendeur.

Les personnes qui envoient chez leurs fournisseurs des domestiques ou des enfants inexpérimentés, ne peuvent pas se dispenser d'avoir les poids et mesures nécessaires pour reconnaître, avant de les employer, les quantités de marchandises qui leur ont été livrées. A la rigueur, un mètre en bois, un litre en fer-blanc et une romaine suffiront aux besoins des petits ménages.

Le cultivateur ne peut pas non plus se dispenser d'avoir à sa disposition des instruments de pesage et de mesurage sans compromettre ses intérêts. Toutes les denrées doivent se vendre au poids ou à la mesure. Avant de sortir de la ferme, mesurez les fruits et les légumes secs, et, arrivé au marché, vendez-les au litre ou à l'hectolitre ; pesez les raisins, les œufs, la volaille, et vendez-les au kilogramme, plutôt qu'à la corbeille, à la douzaine ou à la paire. Aujourd'hui qu'on a établi des ponts à bascule dans toutes les villes de quelque importance, pourquoi vendriez-vous encore à l'œil, vos animaux gras, vos charretées de bois et de fou rages, et en fixeriez-vous le prix au hasard, lorsqu'il vous est si facile, moyennant une faible rétribution, d'en connaître le poids, et, avec le poids, la valeur, d'après le cours du jour?

Gardez-vous de falsifier les boissons, de mettre du grain de qualité inférieure au milieu des sacs que vous exposez en vente, et abstenez-vous de toute tromperie sensible. Ces fraudes, faciles à reconnaître, sont punies de la prison. La preuve que ces objets auraient été donnés au-dessous du cours, et que vous ne les auriez vendus en réalité qu'à leur juste valeur, ne détruirait pas le corps du délit.

Pour éviter les procès-verbaux, les marchands doivent non-seulement ne jamais tromper sur la qualité et la quantité des marchandises, ce qui les perdrait irrévocablement dans l'opinion publique et causerait le plus souvent leur ruine ; il faut encore qu'ils aient le soin, à l'époque de la vérification, de faire marquer, sans exception, tous leurs poids et mesures, d'être pourvus de tous ceux qui sont exigés pour leur profession, de les remplacer sans retard lorsqu'ils sont égarés ou hors de service, et de tenir leurs balances toujours propres et suspendues à la hauteur réglementaire.

Ne cherchez pas à soutenir la concurrence en vendant au-dessous du cours, ou en employant des moyens que votre conscience désapprouve; le temps en fera justice. Que l'envie, malheureusement trop commune entre les personnes qui se livrent au même genre de commerce, ne s'empare jamais de votre cœur; que la calomnie ne souille jamais votre bouche. Soyez, avant tout, homme de bien: c'est le meilleur moyen de réussir. Un marchand probe et affable avec tout le monde se forme rapidement une nombreuse clientèle, augmente tous les ans son capital, et peut, s'il est modéré dans ses dépenses, se créer pour l'avenir une modeste aisance, dont il jouira sans remords, parce qu'elle sera le fruit du travail et de l'économie.

Que font les maires et les officiers de police d'une part, et les vérificateurs de l'autre, pour s'assurer de l'exactitude et du fidèle usage des poids et mesures?

Malgré cette double surveillance, que peuvent faire les acheteurs?

Après avoir examiné la qualité de la marchandise et en avoir débattu le prix, que doivent-ils faire?

De quoi doivent être mu-

7

nies les personnes qui ne font pas les achats par elles-mêmes?

Quels sont les instruments nécessaires à un petit ménage?

Les instruments de pesage et de mesurage sont-ils nécessaires au cultivateur?

Que doit-il peser ou mesurer avant de le sortir de la ferme pour le porter au marché?

Que doit faire le cultivateur lorsqu'il vend des animaux gras et des charretées de bois ou de fourrages?

Comment pourrait-il s'exposer à être mis en prison?

Que doit faire le marchand pour éviter les procès-verbaux?

Quel est le meilleur moyen de réussir dans le commerce?

Comment sont récompensés ordinairement les marchands probes et affables avec tout le monde?

FIN DU SYSTÈME MÉTRIQUE.

APPENDICE.

EXPLICATION DES SIGNES

EMPLOYÉS DANS L'APPENDICE.

Le signe $+$ se prononce *plus*, et indique l'addition. Ainsi $8 + 5$ signifie 8 augmenté de 5.

Le signe $-$ se prononce *moins* et indique la soustraction. Ainsi $7 - 4$ signifie 7 diminué de 4.

Le signe $\times$ se prononce *multiplié par* et indique la multiplication. Ainsi 12×2 signifie 12 multiplié par 2.

Pour marquer que deux nombres doivent être divisés l'un par l'autre, on place le second sous le premier et on les sépare par un trait. $\dfrac{18}{6}$ signifie 18 divisé par 6.

Pour marquer que deux quantités sont égales on les sépare par le signe $=$ qui se prononce *égale*, comme dans cet exemple : $10 \times 4 = 40$.

L'expression $9 + 6 - 3$ signifie que 9 et 6 doivent être ajoutés et que 3 doit être retranché du total.

S'il fallait diviser la somme de 16 et 38 par la différence de 24 et 15, on l'indiquerait ainsi : $\dfrac{16 + 38}{24 - 15}$; et s'il fallait marquer que du produit des nombres 6, 9 et 14 il faut retrancher le produit de 17 par 22, on l'écrirait de cette manière : $(6 \times 9 \times 14) - (17 \times 22)$.

APPENDICE.

DE LA MESURE DES SURFACES ET DES VOLUMES.

CHAPITRE I.

DÉFINITIONS.

§ I. ÉTENDUE.

On distingue trois sortes d'étendue :

1° L'étendue en *longueur* seulement ;

2° L'étendue en *longueur* et *largeur* ;

3° L'étendue en *longueur, largeur* et *épaisseur* ;

L'étendue en longueur s'appelle *ligne*.

L'étendue en longueur et largeur, sans

épaisseur ou hauteur, s'appelle *surface* ou *superficie*.

L'étendue en longueur, largeur et épaisseur, s'appelle *volume* ou *solide*.

Les solides ont donc trois dimensions, les surfaces en ont deux et les lignes en ont une seule.

Le mot *point* sert à désigner les lieux de l'espace dans lesquels on ne considère aucune dimension.

Nous nous occuperons successivement des lignes, des surfaces et des solides.

§ II. Lignes.

La ligne *droite* est le plus court chemin d'un point à un autre.

On nomme ligne *brisée* une ligne composée de lignes droites.

Toute ligne qui n'est ni droite ni brisée est une ligne *courbe*.

Ainsi AC est une ligne droite, AEDC, une ligne brisée, et ABC, une ligne courbe (fig. 26).

On dit souvent pour abréger une droite,

une courbe, pour une ligne droite, une ligne courbe.

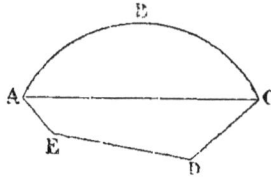

Fig. 26.

On appelle *parallèles* deux lignes droites qui, telles que AB et CD, sont partout également éloignées l'une de l'autre (fig. 27).

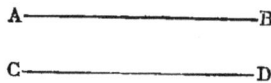

Fig. 27.

L'ouverture plus ou moins grande de deux droites qui se coupent, OL et OP, s'appelle *angle* (fig. 28); le point de rencontre, O, est

Fig. 28.

le *sommet* de l'angle, les lignes OL, OP en sont les *côtés*.

Une droite AB qui tombe sur une autre CD,
sans pencher ni d'un côté ni de l'autre, se
nomme *perpendiculaire* (fig. 29); et les deux

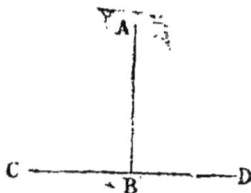

Fig. 29.

angles égaux ABC, ABD qu'elle forme avec
cette autre ligne, sont dits *droits*.

Une ligne EB autre que la perpendiculaire
DB, s'appelle *oblique* (fig. 30); et les deux an-

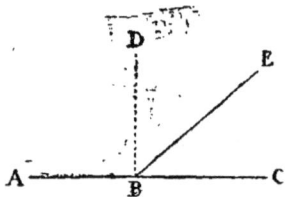

Fig. 30.

gles inégaux ABE et EBC qu'elle forme avec
AC sont dits, le premier *obtus* et le second *aigu*.
L'angle obtus est plus grand que l'angle droit,
l'angle aigu est, au contraire, plus petit.

Dans les différentes opérations qui veulent

qu'on mène des perpendiculaires, il s'agit ou d'en abaisser sur une ligne d'un point pris au dehors, ou d'en élever d'un point pris sur la ligne même.

Pour élever en C une perpendiculaire à la ligne AB (fig. 31), prenez les points F, G, éga-

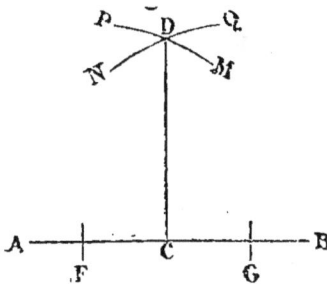

Fig. 31.

lement éloignés de C; et, de ces deux points, décrivez avec un compas assez ouvert, ou une corde suffisamment longue, deux courbes NQ, PM, appelées arcs de cercle; ces arcs se couperont en un point D, et la droite DC sera la perpendiculaire cherchée.

Pour mener par le point A, situé hors de la droite FI (fig. 32), une perpendiculaire sur cette droite, on décrira du point A un arc de cercle qui coupera la ligne FI aux deux points G, H; on cherchera, comme dans le cas précédent, un autre point D, dont la distance au point G et au point H soit la même,

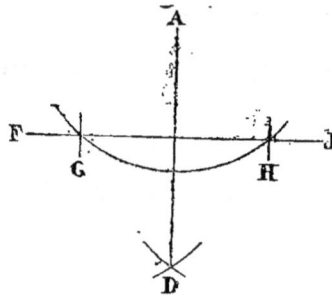

Fig. 32.

et par ce point et par A on mènera la droite AD, qui sera perpendiculaire sur FI.

Dans la pratique, on trace ordinairement les perpendiculaires avec l'*équerre*, sorte d'instrument de bois ou de métal, coupé à angle droit par le procédé que nous venons d'indiquer.

§ III. SURFACES.

On nomme *plan* ou *surface plane* une surface sur laquelle une ligne droite peut s'appliquer exactement dans tous les sens. La surface d'une glace bien polie donne l'idée d'un plan.

Toute surface qui n'est ni plane, ni composée de surfaces planes, est une surface *courbe*.

Nous n'avons à examiner que les surfaces planes et les surfaces courbes des trois corps ronds. Voyons d'abord les surfaces planes ; il sera question plus tard des corps ronds et des surfaces courbes qui les limitent.

Une surface plane, limitée par des lignes droites, s'appelle en général *figure rectiligne* ou *polygone*, et l'on désigne sous le nom de *côtés* du polygone, les lignes droites qui terminent la figure.

On appelle *triangle, quadrilatère, pentagone, hexagone, octogone, décagone, dodécagone* les polygones de 3, 4, 5, 6, 8, 10, 12 côtés, et d'autant d'angles.

Les autres polygones se désignent ordinairement par le nombre de leurs côtés ; ainsi on dit un polygone à neuf, à seize, à vingt-quatre côtés.

Le plus simple de tous les polygones est le triangle, car il faut au moins trois lignes droites pour renfermer un espace.

On appelle *hauteur* du triangle la perpendiculaire LU, abaissée de l'un de ses sommets sur le côté opposé ou sur son prolongement

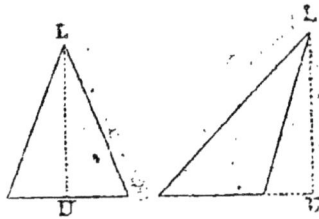

Fig.33.

(fig. 33). Ce côté se nomme alors la *base* du triangle.

Si l'un des trois angles du triangle est droit,

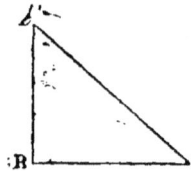

Fig. 34.

comme par exemple l'angle B (fig. 34), la figure prend le nom de triangle *rectangle*.

Des deux côtés qui forment l'angle droit l'un peut servir de base et l'autre de hauteur.

Parmi les quadrilatères, on distingue le

carré, le *rectangle*, le *losange*, le *parallélo-gramme* et le *trapèze*.

Fig. 35.

Le carré a ses côtés égaux et ses angles droits (fig. 35).

Fig. 36.

Le rectangle a les angles droits sans avoir les côtés égaux (fig. 36).

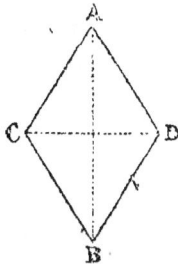

Fig. 37.

Le losange, au contraire, a les côtés égaux sans avoir les angles droits (fig. 37).

Les droites AB et CD, joignant les sommets opposés, sont les *diagonales* du losange.

Le parallélogramme est une figure dont les quatre côtés sont parallèles deux à deux (fig. 38).

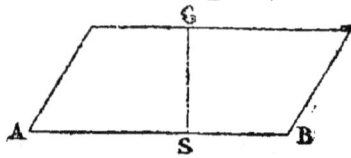

Fig. 38.

Si l'on prend AB pour base du parallélogramme, la perpendiculaire GS en sera la *hauteur*.

Le carré, le rectangle et le losange sont des parallélogrammes qui ont reçu des noms particuliers.

Le trapèze est une figure qui a seulement deux côtés parallèles (fig. 39).

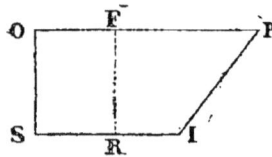

Fig. 39.

On prend pour *bases* du trapèze, les côtés parallèles OP et SI, et pour hauteur, la perpendiculaire FR, qui mesure la distance de ces deux côtés.

Les polygones sont réguliers ou irréguliers.

Pour qu'un polygone soit régulier il faut que ses côtés et ses angles soient égaux entre eux, comme dans le carré. La figure ABCDEF représente un hexagone régulier (fig. 40);

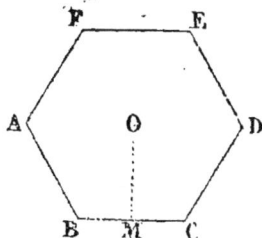

Fig. 40.

l'ensemble des lignes AB, BC, CD, DE, EF, FA, forme son *périmètre*, et la perpendiculaire OM, abaissée du centre sur un des côtés, est son *apothème*.

Tout polygone irrégulier, ainsi qu'on le

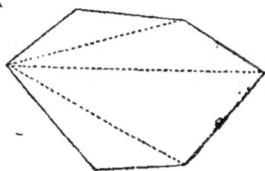

Fig. 41.

voit dans la figure ci-contre (fig. 41), peut toujours être décomposé, par des diagonales partant d'un même sommet, en autant de triangles qu'il a de côtés moins deux.

Au lieu de diviser de cette manière un polygone dont il faut évaluer la surface, on peut em-

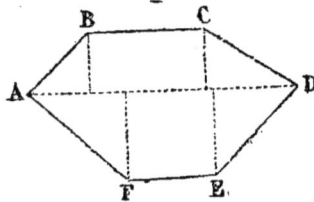

Fig. 42.

ployer un autre moyen, généralement adopté dans l'arpentage. Ce moyen consiste à mener dans le plan une droite que l'on nomme *directrice*, et à abaisser sur cette droite, avec l'équerre d'arpenteur, des perpendiculaires de tous les sommets du polygone (fig. 42). On choisit ordinairement pour directrice la diagonale qui joint les deux sommets les plus éloignés.

Par ce dernier procédé, le polygone ABCDEF se trouve partagé en deux trapèzes et quatre triangles rectangles.

La plus simple de toutes les lignes courbes est la *circonférence* de cercle, dont tous les points sont également éloignés d'un point intérieur qu'on appelle *centre* (fig. 43).

Le *cercle* est la portion de plan enfermée par cette ligne courbe.

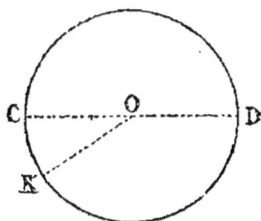

Fig. 43.

Le *rayon* est une ligne droite qui, comme OK, va du centre à la circonférence.

Le *diamètre* est une droite CD, qui, passant par le centre, va se terminer de part et d'aure à la circonférence.

Le diamètre est double du rayon et le rapport de la circonférence au diamètre est 3,1416; d'où il suit que pour obtenir la longueur d'une circonférence dont on connait le rayon, il suffit de multiplier le double de ce rayon par le nombre 3,1416. En effectuant les calculs, on trouve qu'une circonférence de 8 mètres 75 centimètres de rayon aurait, si elle était développée en ligne droite, 54 mètres 978 millimètres de longueur.

§ IV. SOLIDES.

Les figures dont nous nous proposons de déterminer le volume se divisent, d'après leur forme, en *polyèdres* et en *corps ronds*.

On donne le nom de polyèdre à tout solide terminé par des plans. Ces plans sont les *faces* du polyèdre ; les droites qui terminent les faces sont ses *côtés* ou *arêtes ;* les points de rencontre des arêtes sont ses *sommets*.

On appelle en particulier *tétraèdre* le polyèdre qui a quatre faces ; *hexaèdre*, celui qui en a six; *octaèdre*, celui qui en a huit; *dodécaèdre*, celui qui en a douze ; *icosaèdre*, celui qui en a vingt, etc.

Le polyèdre régulier est celui dont toutes les faces sont des polygones réguliers égaux et dont tous les angles solides sont égaux entre eux.

Parmi les polyèdres on distingue la *pyramide* et le *prisme*.

La pyramide est un polyèdre qui a pour *base* un polygone quelconque BDFH, et pour faces latérales une suite de triangles qui partent de la base et aboutissent à un point commun, O, nommé le *sommet* de la pyramide (fig.44).

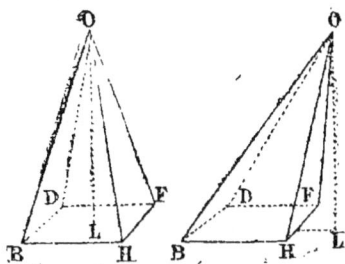

Fig· 44.

La *hauteur* de la pyramide est la perpendiculaire OL, abaissée du sommet sur la surface de la base, prolongée s'il est nécessaire.

Si l'on coupe la pyramide par un plan

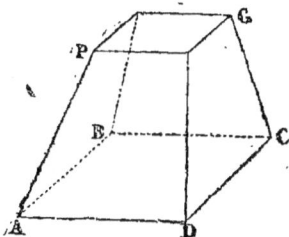

Fig. 45.

parallèle à la base, on obtient un polyèdre ABCDPG, qui s'appelle *tronc de pyramide* (fig. 45).

Une pyramide est *triangulaire, quadrangu-laire, pentagonale*, etc., selon que la base est un triangle, un quadrilatère, un penta-gone, etc.

La pyramide triangulaire, appelée aussi tétraèdre, est le plus simple des polyè-dres (fig. 46).

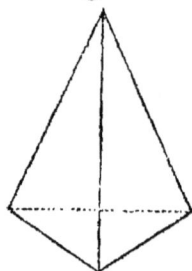

Fig. 46.

Le prisme est un polyèdre compris sous deux faces opposées HIKNS, LPVXY égales et parallèles, et dont toutes

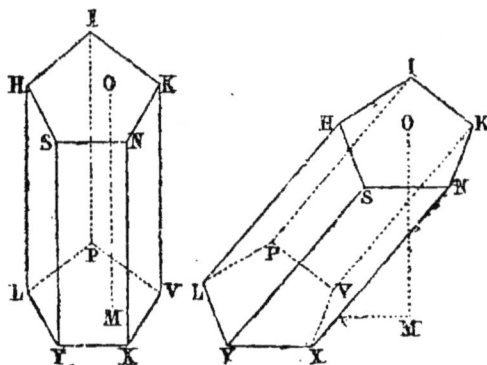

Fig. 47.

les autres faces sont des parallélogrammes (fig. 47).

Les deux polygones HIKNS, LPVXY sont

les *bases* du prisme, et la perpendiculaire OM, abaissée d'un point d'une des bases sur l'autre ou sur son prolongement, en est la *hauteur*.

Comme la pyramide, le prisme est *triangulaire, quadrangulaire*, etc., selon que la base est un triangle, un quadrilatère, etc.

Le prisme *droit* est celui dont les arêtes latérales sont perpendiculaires aux plans des bases; dans ce cas, toutes les faces latérales sont des rectangles, et la hauteur du prisme est égale à chacune des arêtes. Dans le prisme *oblique*, la hauteur est toujours plus petite que les arêtes.

Lorsque les deux bases KLTV et SPQR d'un prisme droit sont des rectangles, le prisme est alors terminé par six faces rectangulaires, égales et parallèles deux à deux, et il prend le nom de *parallélipipède rectangle* (fig. 48).

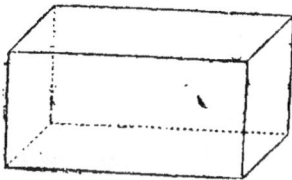

Fig. 48.

On appelle *cube* ou *hexaèdre régulier* un parallélipipède rectangle, dont les six faces sont des carrés égaux (fig. 49).

On réunit sous la dénomination commune

de corps ronds, trois solides limités, en tout ou en partie, par des surfaces courbes. Ces corps sont : le *cylindre*, le *cône* et la *sphère*.

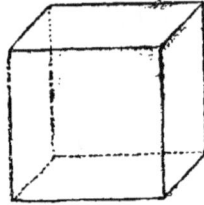

Fig. 49.

Le cylindre, nommé vulgairement *rouleau*, est un corps terminé par deux cercles égaux et parallèles (fig. 50). On peut le regarder comme produit par la révolution d'un rectangle HONS tournant autour d'un côté immobile, HO.

Les cercles ASU, INK sont les *bases* du cylindre, et la perpendiculaire HO, qui mesure la distance des deux bases, en est la *hauteur*.

Fig. 50.

Le cône dont la forme est celle d'un pain de sucre, est un corps ayant un cercle ABC pour *base*, et se terminant par une pointe, O, nommée le *sommet* du cône (fig. 51). On peut le regarder comme produit par la révolution d'un triangle rectangle, OSB, tournant autour d'un des côtés, OS, de l'angle droit.

La droite OB est le *côté* du cône et la per-

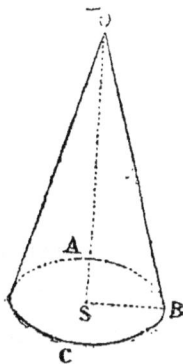

Fig. 51.

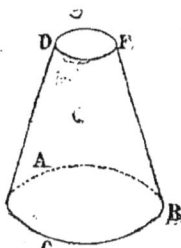

Fig. 52.

Fig. 53.

pendiculaire OS, abaissée du sommet sur la base, en est la *hauteur*.

Si l'on coupe le cône par un plan parallèle à la base, on obtient un solide ABCDF qui s'appelle *tronc de cône* (fig. 52).

La sphère, nommée aussi *boule* ou *globe*, est un solide terminé par une surface courbe dont tous les points sont également éloignés d'un point intérieur appelé *centre* (fig. 53).

Le *rayon de la sphère* est une ligne droite qui va du centre à un point de la surface; le *diamètre* ou *axe* est une droite qui, passant par le centre, va se terminer de part et d'autre à la surface.

CHAPITRE II.

ÉNONCÉS ET PROBLÈMES.

Pour évaluer les surfaces et les solides, il faut mesurer certaines de leurs dimensions avec les mesures linéaires, et effectuer des calculs que nous allons indiquer pour chaque figure, en particulier, en commençant par les plus simples.

§ I. SURFACES PLANES.

Carré. — On obtient la surface du carré en multipliant la longueur de son côté par elle-même.

Une place carrée a 32 mètres 7 décimètres de côté; quelle en est la superficie?

L'expression de la surface demandée est

$$32,7 \times 32,7.$$

En effectuant les calculs, on trouve 1062 mèt. car. 29 décim. car.

Rectangle. — La surface du rectangle est égale au produit de ses deux dimensions ; on l'obtient en multipliant entre eux les deux côtés d'un même angle.

Le plafond d'une salle d'une forme rectangulaire a 12 mètres 75 centimètres de longueur sur 8 mètres 25 centimètres de largeur : combien a-t-il de mètres carrés de surface, et que faudra-t-il payer au plâtrier, à raison de 2 francs 40 centimes le mètre carré ?

Première solution :

$12,75 \times 8,25 = 105$ mèt. car. 1875 centim. car.

Deuxième solution :

$105,1875 \times 2,40 = 252$ francs 45 centimes.

Losange. — Pour obtenir la surface du losange, il faut multiplier entre elles ses deux diagonales et prendre la moitié du produit.

Quelle est l'aire d'un losange dont les diagonales ont 3 mètres 60 centimètres et 5 mètres 20 centimètres de longueur ?

$$\frac{3,60 \times 5.20}{2} = 9 \text{ mèt. car. 36 décim. car.}$$

Parallélogramme. — La surface d'un pa-

8

rallélogramme quelconque a pour mesure le produit de sa base par sa hauteur.

Quelle est la superficie d'un jardin parallélogrammatique ayant 48 mètres de base et 27 mètres 50 centimètres de hauteur ?

$48 \times 27,50 = 1320$ mèt.car. ou 13 ar. 23 cen.

Trapèze. — La surface d'un trapèze s'obtient en multipliant la demi-somme des bases parallèles par la hauteur.

Que payerait-on à raison de 85 centimes le mètre carré, pour faire paver une petite cour de la forme d'un trapèze, si une des bases avait 12 mètres de longueur, l'autre 14 mètres et la hauteur 7 mètres 20 centimètres ?

$$\frac{12+14}{2} \times 7,20 \times 0,85 = 49 \text{ francs } 56 \text{ cent.}$$

Triangle. — La surface d'un triangle quelconque s'obtient en multipliant sa base par la moitié de sa hauteur.

Quelle est la superficie d'un terrain triangulaire dont la base est de 1375 mètres et la hauteur de 652 mètres ?

$$1375 \times \frac{652}{2} = 44825 \text{ mèt. car.}$$

ou 4 hecta. 48 ar. 25 centia.

Dans un triangle il n'est pas toujours facile d'abaisser et de mesurer une perpendiculaire ; alors on peut avoir recours à la règle générale suivante, qui permet de trouver la surface d'un triangle dont on connaît seulement les côtés :

Ajoutez ensemble les trois côtés et prenez la moitié de la somme ; de cette demi-somme retranchez successivement chacun des côtés, ce qui vous donnera trois restes ; multipliez le premier reste par le second, le produit obtenu par le troisième reste, et enfin ce nouveau produit par la moitié de la somme des côtés ; la racine carrée du produit de cette dernière multiplication sera la surface du triangle proposé.

Polygone en général. — Pour obtenir la surface d'un polygone irrégulier quelconque, il faut, après l'avoir décomposé en triangles, mesurer séparément la surface de chacun de ces triangles, et en faire la somme. Quand le polygone est régulier, il suffit de multiplier son périmètre par la moitié de son apothème.

Calculer la surface d'un hexagone régulier dont chacun des côtés a 3 mètres et l'apothème 2 mètres 60 centimètres.

$$6 \times 3 \times \frac{2,60}{2} = 23 \text{ mèt. car. } 40 \text{ décim. car.}$$

Cercle. — Pour obtenir la surface du cercle, il faut multiplier le rayon par lui-même et le produit de cette multiplication par le nombre 3,1416, rapport constant de la circonférence au diamètre.

Quelle étendue occupe un cirque qui a 12 mètres 25 centimètres de rayon?

$$1,225 \times 1,225 \times 3,1416 = 471 \text{ mèt. car. } 43635.$$

§ II. Surfaces courbes.

Surface courbe du cylindre. — On obtient la surface courbe du cylindre en multipliant la circonférence de sa base par sa hauteur.

Combien faudrait-il de mètres d'étoffe de 80 centimètres de largeur pour couvrir la surface convexe d'une colonne cylindrique de 15 mètres de hauteur et 6 mètres 40 centimètres de circonférence?

$$\frac{6,40 \times 15}{0,80} = 120 \text{ mètres.}$$

Surface courbe du cône. — La surface

courbe du cône a pour mesure le produit de la circonférence de sa base par la moitié de son côté.

Quelle est la surface convexe d'un pain de sucre de forme conique régulière, dont la circonférence de la base a 85 centimètres et le côté 46 centimètres?

$$0,85 \times \frac{0,46}{2} = 0 \text{ mèt. car. } 1955.$$

La surface convexe du tronc de cône est égale au produit de son côté, par la demi-somme des circonférences de ses deux bases.

Surface de la sphère. — On obtient la surface de la sphère en multipliant le diamètre par lui-même et le résultat par 3,1416.

Une sphère a 5 mètres de diamètre; combien a-t-elle de surface et que faudra-t-il payer pour la faire peindre, à raison de 50 centimes le mètre carré?

Première solution :

$$5 \times 5 \times 3,1416 = 78 \text{ mèt. car. } 54 \text{ décim. car.}$$

Deuxième solution :

$$78,27 \times 0,50 = 39 \text{ francs } 27 \text{ centimes.}$$

§ III. Polyèdres.

Cube ou hexaèdre régulier. — Le volume du cube s'obtient en multipliant le côté par lui-même et le produit obtenu par ce même côté.

Quel est le volume d'un massif de maçonnerie de forme cubique, ayant 2 mètres 5 décimètres de côté?

L'expression du volume demandé est

$$2,5 \times 2,5 \times 2,5.$$

En effectuant les calculs, on trouve 15 m.cu. 625 décim. cub.

Pour obtenir le volume d'un polyèdre régulier quelconque, il faut multiplier sa surface par le tiers de son apothème, c'est-à-dire par le tiers de la perpendiculaire, abaissée du centre du polyèdre, sur une de ses faces.

Parallélipipède rectangle. — Le volume d'un parallélipipède rectangle est égal au produit de ses trois dimensions; on l'obtient en multipliant entre elles les trois arêtes qui se réunissent au même sommet.

Quelle est en hectolitres la capacité d'un bassin dont la longueur est de 3 mètres 25 centimètres, la largeur de 2 mètres 32 centimètres et la profondeur de 8 décimètres?

$$3,25 \times 2,32 \times 0,8 = 6 \text{ mèt. cub. } 032 \text{ déc.}$$

cub. ou 60 hectol. 32.

Prisme. — On obtient le volume d'un prisme droit ou oblique en multipliant sa base par sa hauteur.

Quelle quantité de terre faudra-t-il pour combler un fossé prismoïde de 82 mètres de longueur, 75 centimètres de profondeur, 60 centimètres de largeur dans le bas et 1 mètre 70 centimètres dans le haut?

$$\frac{1,70 + 0,60}{2} \times 0,75 \times 82 = 70 \text{ m. cu. } 725 \text{ déc. cu.}$$

Pyramide. — Le volume d'une pyramide quelconque a pour mesure le produit de sa base par le tiers de sa hauteur.

Une pyramide a 3 mètres 75 centimètres de hauteur et 16 mètres carrés de base; quel est son volume?

$$16 \times \frac{3,75}{3} = 20 \text{ mèt. cub.}$$

Tronc de pyramide. — Pour obtenir le volume d'un tronc de pyramide, il faut multiplier la surface de la grande base par son côté, déduire la surface de la petite base, multipliée de même par son côté, diviser le reste par la différence des deux côtés et multiplier le quotient par le tiers de la hauteur.

Si les côtés des polygones des bases sont inégaux, il importe peu par quels côtés on multiplie les surfaces supérieure et inférieure, pourvu que ce soit par des côtés correspondants.

Quelle est, abstraction faite du pyramidion, la solidité d'un obélisque, qui a 22 mètres 30 centimètres de hauteur, et dont les faces supérieure et inférieure sont des carrés de 1 mètre 50 centimètres et 2 mètres 40 centimètres de côté?

$$\frac{(2,40 \times 2,40 \times 2,40) - (1,50 \times 1,50 \times 1,50)}{2,40 - 1,50}$$

$$\times \frac{22,30}{3}$$

= 86 mèt. cub. 301 décim. cub.

§ IV. CORPS RONDS.

Cylindre. — Le volume du cylindre s'obtient, comme celui du prisme, en multipliant sa base par sa hauteur.

Quelle serait la contenance d'une mesure de capacité, parfaitement cylindrique, dont la hauteur intérieure, égale au diamètre, aurait 50 centimètres ; et de combien cette mesure serait-elle plus petite que l'hectolitre ?

Première solution :

$0,25 \times 0,25 \times 3,1416 \times 0,50 = 0$ mèt. cub. 098 décim. cub. 175 centim. cub. ou 98 lit. 175.

Deuxième solution :

$$100 - 98,175 = 1 \text{ lit. } 825.$$

Cône. — Le volume du cône s'obtient, comme celui de la pyramide, en multipliant sa base par le tiers de sa hauteur.

Calculer la hauteur d'un cône dont le volume est de 32 mètres cubes 625 décimètres cubes et la base de 12 mètres carrés 50 décimètres carrés.

$$\frac{32,623}{12,5} \times 3 = 7 \text{ mètres } 83 \text{ centimètres.}$$

Tronc de cône. — Pour obtenir le volume d'un tronc de cône, il faut multiplier la surface de la grande base par son rayon, déduire la surface de la petite base, multipliée de même par son rayon; diviser le reste par la différence des deux rayons, et multiplier le quotient par le tiers de la hauteur?

Quelle est la capacité d'une cuve qui a intérieurement 2 mètres 70 centimètres de hauteur, 1 mètre 10 centimètres de rayon dans le bas et 95 centimètres dans le haut?

$$\frac{(1,10\times1,10\times3,1416\times1,10)-(0,95\times0,95\times3,416\times0,95)}{1,10-0,95}$$

$$\times \frac{2,70}{3} = 8 \text{ m. cu. } 9276428 \text{ ou } 89 \text{ hec. } 276418.$$

Sphère. — On obtient le volume de la sphère en multipliant sa surface par le tiers de son rayon.

Quel est le poids, à moins d'un gramme près, de trois billes de billard de 6 centimètres de diamètre, le poids spécifique de l'ivoire étant égal à 1,917?

$$0,06 \times 0,06 \times 3,1416 \times \frac{0,06}{6} \times 1,917 \times 3 =$$
650 grammes.

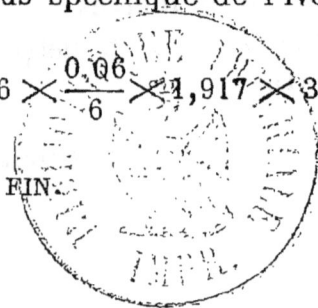

FIN.

TABLE DES MATIÈRES.

PREMIÈRE PARTIE.

EXPOSITION GÉNÉRALE DU SYSTÈME MÉTRIQUE.

Introduction. 7
Définitions et nomenclature. 8
Mesures de longueur. 12
Mesures de surface. 18
  § I. Mesures de surface proprement dites. . . 18
  § II. Mesures agraires. 20
  § III. Mesures topographiques. 21
Mesures de volume. 23
  § I. Mesures de volume ou de solidité propre-
     ment dites. 23
  § II. Mesures de solidité pour le bois de chauf-
     fage. 23
  § III. Mesures de capacité. 26
Poids. 27
Monnaies 29
Tableau général des mesures légales. 34
Mesures de temps. 37
De la manière de lire et d'écrire les nombres. . . 40
Avantages du système métrique. 42
  46

SECONDE PARTIE.

DES MESURES EFFECTIVES ET DE LA MANIÈRE DE LES EMPLOYER.

Notions préliminaires. 53
Mesures effectives de longueur. 55

Mesures effectives de capacité pour les matières sèches. 59
Mesures effectives de capacité pour les liquides. . . 62
Instruments de mesurage, ou membrures pour le bois de chauffage. 67
Poids en fer. 70
Poids en cuivre. 74
Instruments de pesage. 79
Monnaies effectives. 89
De la vérification et du poinçonnage. 92
Manière de peser et de mesurer. 95
Pénalité. 102
Conseils aux vendeurs et aux acheteurs. 106

APPENDICE.

DE LA MESURE DES SURFACES ET DES VOLUMES.

CHAPITRE I. Définitions. 113
§ I.   Étendue. 113
§ II. Lignes. 114
§ III. Surfaces. 118
§ IV. Solides. 126
CHAPITRE II. Énoncés et problèmes. 132
§ I.   Surfaces planes. 132
§ II. Surfaces courbes. 136
§ III. Polyèdres. 138
§ IV. Corps ronds. 141

9500. — Paris, impr. générale de Ch. Lahure, rue de Fleurus, 9.